하루쯤
성당여행

아름답고 오래된 우리 성당 36

하루쯤 성당여행

아름답고 오래된 우리 성당 36

저자 이영명 홍천수 손영옥 김길지 김용순 박명예 이학균 이광희

초판 발행일 2014년 12월 15일
개정증보판 발행일 2019년 12월 24일

기획 및 발행 유명종
편집 이지혜
디자인 이다혜
조판 신우인쇄
용지 에스에이치페이퍼
인쇄 신우인쇄

발행처 디스커버리미디어
출판등록 제 300-2010-44(2004. 02. 11)
주소 서울시 종로구 사직로8길 34 경희궁의 아침 3단지 오피스텔 431호
전화 02-587-5558
팩스 02-588-5558

하루쯤
성당여행

아름답고 오래된 우리 성당 36

박명예 이학균
이광희 이영명
홍천수 손영옥
김길지 김용순

평온하고 아늑한

창호가 달린 휴식 같은 공간이 있으면 좋겠다.
그게 아니라면 내면 어딘가에 저런 안식의 방이라도 만들고 싶다. 간절히.

섞임의 아름다움

섞인다는 건 나를 잃어버리는 게 아니다. 나는 온전히 나이면서 누군가를 오롯이
받아들일 때 마침내 섞임은 완성된다. 한옥이되 성당인 저 아름다운 집처럼.

사랑의 이름으로

안개가 내린 어느 가을 날, 행복한 가족을 만났다.
지상에서 가장 아름다운 풍경을 보았다. 나도 모르게, 눈물이 났다.

꽃보다 아름다운

인간은 신에게 아름다운 아치를 헌사했지만 오히려 나는 저 아치에서
영원을 향한 인간의 꿈을 읽는다. 꽃보다 아름다운 사람의 꿈을!

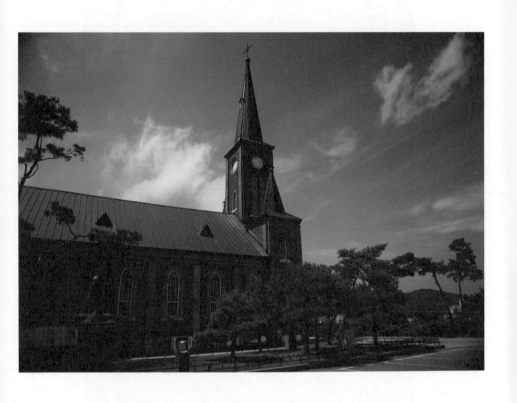

사람을 보았네

가없는 하늘아, 푸른 소나무야, 세월을 품은 붉은 벽돌아, 너흰 보았니?
높은 종탑에서, 더 높은 첨탑에서, 너희는 사람을 보았니?

배경을 위하여

형형색색 유리창이 빛나는 건 유리창 때문이 아니다. 무소유의 백색과 겸손한 회색이
배경이 되어주기에 자신이 깊어지고 빛이 난다는 걸 저 창문을 알까?

아름답고 감성 깊은
우리 성당 여행하기

<하루쯤 성당 여행>을 세상에 내놓은 지 정확히 5년이 흘렀다. 그동안 언론과 독자들로부터 분에 넘치는 관심과 사랑을 받았다. 이 자리를 빌려 깊은 감사의 마음을 전한다. 5년 전 초판 서문에서 고백했듯이 우리는, 우리나라에 이렇게 매력적이고, 이렇게 아름다운 성당이 이토록 많은 줄 미처 알지 못했다. 새록새록 5년 전 기억이 아지랑이처럼 피어오른다. 그해 봄이었다. 시인이자 문화평론가인 유명종 선생님의 제안으로 우리나라 성당을 취재하기 시작했다.

"천주교 역사가 고작 이삼백 년인데 뭐 별 것 있겠어?"

솔직히 우리의 시작은 시큰둥했다. 독자들도 그렇겠지만 우리도, '성당' 하면 바티칸의 베드로대성당과 시스티나성당, 또는 가우디의 걸작 성가족성당을 떠올리고 있었으니 딱히 맘에 찰 일이 없었다. 떠오르는 성당이라고 해봐야 명동성당 정도였으니, 우리의 고정관념은 사실 그땐 상식에 가까웠다.

우리는 카메라와 취재 수첩을 들고 전국 각지로 흩어졌다. 취재는 봄부터 가을까지 이어졌다. 그때마다 우리는 뒤통수를 세게 얻어맞았다. 우리의 무지에 놀랐고, 성당의 아름다움에 또 한 번 놀랐다. 옛 성당을 취재할 때마다 우리는 깊이 감동했다. 그 감동은 유럽의 성당이 주는 것과 결이 달랐다. 유럽의 이름난 성당은 하나같이 웅장하고 화려하다. 경외감을 불러일으키고, 눈이 호사를 누리지만 그것도 몇 번 반복하면 감각이 무뎌진다. 이에 비교하면 우리 성당은 소박하고 아담하지만, 보면 볼수록 빠져드는 깊은 매력을 품고 있었다. 장식은 절제했으나 건축적 균형미는 남달랐다. 게다가 소박함 뒤에 감춰진 고고한 기품은 마음에 긴 여운을 남겨주었다. 벽돌로 지은 성당은 포근했고, 석조 성당은 남성적인 듯 부드러웠다. 그리고 한옥 성당은 우리의 심성처럼 편안하고 단아했다. 우리의 성당은 고유의 감성, 위안과 공감을 주는 사연을 제각기 품고 있었다. 역사의 뒤안길에서 살짝 고개를 내미는 가슴 아픈 스토리도 우리의 마음을 흔들었다.

이 책은 역사성과 건축미를 기준으로 세밀하게 가려 뽑은 한국 최고 성당을 담고 있다. 개정판에선 제주도의 김대건 신부 표착기념성당을 더하여 모두 36곳을 소개하고 있다. 우리는 성당의 역사적인 가치와 건축적인 아름다움, 그리고 성당에 깃든 풍부한 감성과 스토리까지 담아내려고 노력했다. 이 책은 성당뿐만 아니라 성당 주변의 천주교 성지와 여행지, 맛집, 카페 정보도 함께 싣고 있다. 성당 여행 하면서 관광과 미식 여행을 겸하는 데 도움이 되길 바란다. 아무쪼록 이 책이 독자들에게 조금 특별한 여행으로 인도해주길 소망한다.

2019년 12월

이학균 이광희 이영명 홍천수 손영옥 김길지 김용순 박명예

목차

책을 내면서

서울·인천
Seoul·Incheon

명동성당·성공회서울성당·약현성당·원효로성당·인천 답동성당
성공회강화성당·성공회온수리성당

명동성당
순교와 근대 건축의 성지

성당 순례 1번지 _ 사적 258호
주소 서울특별시 중구 명동길 74
전화 02-774-1784
대중교통 지하철 2호선 을지로입구역에서 걸어서 8분, 4호선 명동역에서 걸어서 8분

명동성당으로 가기 전에 을지로 2가 외환은행 앞에 있는 김범우의 집터부터 찾았다. 명동 성당 순례가 완결성을 가지려면 출발지는 마땅히 김범우 집터이어야 하는 까닭이다. 긴 세월과 개발 열망을 견디지 못하고 오래 전 속절없이 헐려 버렸지만, 그리하여 지금은 작고 초라한 장악원 표석에서 겨우 집터를 확인할 수 있지만, 그럼에도 이곳은 명동성당의 잉태를 예감한 운명적인 자리이다. 게다가 김범우는 천주교의 첫 번째 희생자가 아니던 가? 김범우토마스, 1751~1787 는 한성부 명례방명동에서 태어났다. 중인 집안 출신인 그는 스물세 살 때 역관이 되었다. 서학을 연구하다 한국의 첫 번째 신자가 된 이벽정약용의 사돈, 이벽의 누이가 다산의 큰 형수였다. 1754~1785을 알게 되었다. 그는 이벽의 권유로 한국 천주교 창립에 참여하였으며, 베이징에서 한국인 최초로 세례를 받고 돌아온 이승훈베드로, 정약용의 매형, 1756~1801에게 1784년 가을 세례를 받았다. 그해 겨울부터는 이벽, 이승훈, 권일신, 정약종과 더불어 아예 자신의 집을 교회 삼아 '명례방공동체'를 꾸렸다.

명례방공동체는 그러나 오래가지 못했다. 1785년 봄 그의 집에서 이벽과 이승훈, 정약전·

정약종·정약용 삼형제, 권일신 부자, 그리고 또 다른 신자들이 모여 집회를 열다가 형조추
조에 체포된 것이다. 이것이 한국 천주교 첫 번째 박해사건인 을사추조적발사건이다. 형조
판서 김화진은 검거된 사람들이 대부분 사대부 자제임을 알고 이름도 밝히지 않고 석방
시켰다. 그러나 김범우는 지체가 낮은 중인이라는 이유로 모진 고문을 당했다. 형조는 고
문을 당하면서도 끝까지 믿음을 지키자 김범우를 밀양 단장으로 귀양을 보냈다. 그는 유
배지에 가서도 큰 소리로 기도를 하고 주변에 전도를 하는 등 신앙심을 키워나갔다. 그러
나 애석하게도 고문받을 때 입은 상처가 깊어져 1787년 단장에서 숨을 거두었다. 김범우
의 죽음은 천주교가 겪게 될 '피의 세례'를 예견하는 것이었다. 한국 천주교가 희생과 순
교의 피로 이루어진 것이라면, 첫 번째 주춧돌은 마땅히 김범우일 것이다.

천주교 첫 희생자 김범우   그를 떠올리며 명동성당으로 향했다. 성당
그를 생각하며 명동성당으로 향했다   들머리 길가에 눈에 잘 띄지 않는 이재명
                                       의사 의거터 표석이 놓여있다. 1909년 12
월 22일 이재명1890~1910 의사가 이완용 1858~1926 을 향해 분연히 칼을 겨눈 곳이다. 벨기에
황제 레오폴트 2세의 추도식을 마친 이완용은 인력거를 타고 성당을 내려오고 있었다. 군
밤 장수로 변장한 이재명은 비수를 들고 이완용에게 뛰어들었다. 가로막는 인력거꾼을 찌
른 후 이완용에게 달려들었지만, 아쉽게도 복부와 어깨에 중상을 입히는데 그쳤다. 이 의
사는 현장에서 대한독립만세를 부르다 일본 경찰에 체포되었다. 이듬해인 1910년 9월 30
일 이 의사는 조용히 찬송가를 부른 후 서대문형무소에서 의로운 생을 마쳤다. 그의 나
이 불과 스물한 살이었다. 하루 9만 명이 명동을 찾는다지만 대부분 '이재명 의사 의거터'
를 무심히 지나친다. 뿌연 먼지를 뒤집어쓰고 외롭게 서 있는 표석을 보자 안타까운 마음
을 가눌 수가 없다.

천주교 신자가 된지 30년 가까이 되었지만 명동성당을 자주 찾지는 못했다. 그래도 특별한 기억 두 개가 뇌리에 고이 간직되어 있다. 1998년 2월 명동성당 축성 100주년을 기념하는 특별 강연회가 열렸다. 놀랍게도 초청 연사는 법정 스님이었다. 사제와 신자 1천8백여 명이 스님의 법문을 들었다. 스님은 '마음이 가난한 자에게 복이 있다'는 예수의 말씀이 바로 반야심경의 메시지라며 청빈과 무소유 정신을 일깨워 주었다. 비구의 법문을 귀담아 듣던 청중들의 아름다운 모습이 엊그제 일처럼 생생하다. 앞서 김수환 추기경도 1997년 12월 길상사 개원 법요식에 참석해 축사를 했다. 김 추기경과 법정 스님은 깊은 신뢰와 교분으로 종교의 벽을 맨 앞에서 허물었다. 2009년 2월도 잊을 수 없다. 2월 16일 저녁 김수환 추기경의 선종 소식을 들었다. 이튿날 명동성당에 갔다가 대로변까지 이어진 추모 행렬을 보고 깊은 감동을 받았다. 세 시간 넘게 추위에 떨었으나 마음은 그 어느 때보다 따뜻했다. 지역, 이념, 빈부를 떠나 40만여 명이 그의 선종을 추모했다.

80년대 명동성당은 민주화의 성지였다. 1987년 6월, 대학생 수천 명이 군사독재 타도를 외치며 성당에서 농성하고 있었다. 군사 정부가 전투경찰을 투입하겠다고 하자 김수환 추기경이 단호히 반대했다. "경찰이 쳐들어오면 맨 앞에 내가 있을 것이오. 나를 밟고, 그 다음에는 신부들을, 또 다음에는 수녀들을 밟고 가야 학생들을 볼 수 있을 것이오." 그는 떠났고, 세상은 그를 보냈다. 스스로 바보이기를 자처했지만 그는 나라의 어른이었다. 명동성당을 찾을 때면 김수환 추기경이 가장 먼저 떠오른다. 1991년 10월 나에게 견진성사를 주신 분이기에 애틋함이 더하다.

언덕을 다 오르자 고풍스러운 성당이 우뚝 서 있다. 옛날에 종을 달았던 곳이라 해서 조선시대 이 구릉을 북고개 또는 북달재, 한자로는 종현 鐘峴이라 불렀다. 명동성당의 옛 이름도 종현성당이었다. 명동성당으로 불리기 시작한 것은 1945년이다.

명동성당은 뾰족 아치의 향연장이다.
성당의 안과 밖에서 첨두 아치의 축제가 벌어지고 있다.

희생과 순교의 정신이
마침내 건축으로 피어나다

이벽과 김범우, 이승훈 같은 초기 신자들의 노력에도 불구하고 천주교의 꽃은 쉽게 피지 못했다. 80여 년 동안 수백, 수천 명이 순교의 피를 흘렸다. 박해의 땅은 그러나 조금씩 기적의 땅으로 변하고 있었다. 제7대 조선교구장 블랑 주교는 1882년 한미수호조약이 체결되자 곧 종교의 자유를 얻게 될 것이라 예감하고 명례방 언덕의 가옥과 대지를 매입하기 시작했다. 그의 가슴에선 이미 명동성당이 건축되고 있었다. 이곳을 입지로 잡은 것은 명례방이 한국 천주교회의 탄생지이기 때문이었다. 한성부 전체가 내려다보이는 언덕이라는 점도 매력적인 조건이었을 것이다. 그는 1886년 한불수호조약으로 전교 자유가 인정되자 이듬해 5월 대지를 마저 구입했다. 성당 건축 작업은 1887년 겨울에 시작되었다. 블랑 주교는 신자들의 열성을 파리외방전교회 본부에 보낸 보고서에 이렇게 적었다. "남자 교우들은 사흘씩 무보수로 일했습니다. 그것도 12월과 1월의 큰 추위를 무릅쓰고 왔습니다. 노소 할 것 없이 놀랄 만큼 열정을 쏟았고, 그들은 신앙과 만족감으로 추위를 이겨냈습니다."

하지만, 조선 정부의 반대도 만만치 않았다. 성당 부지가 태조와 세조, 영조를 비롯한 여섯 왕의 어진을 모신 영희전 주맥에 해당되는데다 궁궐보다 높은 자리에 성당을 세울 수 없다는 게 이유였다. 우여곡절을 끝에 프랑스 공사의 중재로 사태가 원만히 해결되어 다시 공사를 시작했다. 성당 설계와 공사의 지휘 감독은 명동성당 주교관을 설계한 코스트1842-1896 신부가 맡았다. 그는 이미 약현성당과 인천 답동성당, 원효로성당을 설계한 경험이 있는 유능한 건축가였다. 서양 건축을 지어본 조선 장인이 없었던 탓에 기술자들은 중국에서 불러왔다. 중간에 코스트 신부가 선종하자 프와넬1855-1925 신부가 설계를 변경하여 역사를 이어갔다. 주춧돌을 세운지 6년이 지난 1898년 5월 29일, 마침내 '원죄 없이 잉태되신 성모 마리아'를 수호성인으로 하는 성당이 세상에 장엄하게 등장했다. 조선 말기의 유학자이자 절명시를 남기고 순국한 황현1855-1910은 <매천야록>에서 명동성당을 다음과 같이 설명하고 있다. "남부의 종현은 명동과 저동 사이에 있는데, 지대가 높고 전망이 좋은 곳이다. 윤정현의 집이 그 마루턱에 있었는데 10여 년 전 서양인이 이를 구입하여 철거하고는 평지를 만들어 교회당을 세워 6년 만에 공사를 마쳤다. 집이 높고 우뚝하여 산을 자른 듯하다."

성당 안팎에서 펼쳐지는 뾰족 아치의 아름다운 향연

성당 평면은 긴 라틴십자형이다. 길이는 69미터, 너비는 28미터, 높이는 23미터이다. 종탑의 높이는 약 47미터이다. 우리나라에서 가장 큰 고딕식 근대 건축물이다. 기본적으로 고딕 양식을 따르고 있지만 벽돌로 지은 탓에 전형적인 석조 성당에 비해 장중함이 조금 부족하다. 하지만 성당 안팎에 고딕적인 요소를 잘 담아내었다. 성당 내부는 가운데에 주랑을 두고 좌우에 측랑을 배치하는 삼랑식 구조이다. 열주는 벽돌로 쌓았는데 특별한 장식을 사용하지 않았으나 켜켜이 쌓은 벽돌이 조형적인 아름다움을 듬뿍 머금고 있다. 주랑과 측랑 천장은 갈비뼈처럼 리브가 교차하는 궁륭 형식이다. 위를 올려다보면 그 모습이 경건하고 장엄하다.

명동성당 중앙문에 새긴 동판 부조는 문이면서 동시에 예술 작품이다. 우리나라 초기 천주교 상황을 집약해 놓았다. 최초로 미사를 집전한 주문모 신부를 왼쪽에, 오른쪽에는 명도회교리 연구와 전교를 위해 1795년에 설립한 우리나라 최초의 평신도 조직 초대 회장을 지낸 정약종1760~1801, 다산 정약용의 형이자 성자 정하상과 성녀 정정혜의 아버지이다. 2014년 8월 프란치스코 교황이 집전한 광화문 미사에서 장남 정철상과 함께 복자로 추대되었다. 이 새겨져 있다. 그 아래에는 박해를 피해 피난을 가는 신자들과 한복 차림을 한 어머니가 고아를 안고 있는 모습을 형상화했다. 성당 내부엔 뾰족 아치의 향연이 펼쳐지고 있다. 창문, 제단화, 기둥과 기둥 사이, 그리고 심지어는 천장까지 온통 뾰족 아치의 축제가 벌어지고 있다. 하늘로 향하는 간절한 마음을 담았기에 뾰족 아치는 더욱 숭고한 분위기를 자아낸다.

제대 하단에는 지하 성당이 있다. 대성당을 나와 뒤쪽으로 돌아가면 입구가 나온다. 지하 성당은 좀 특별하다. 성당이면서 동시에 성인과 성직자의 묘역이기 때문이다. 앙베르 주교, 최경환 등 순교 성인 5위와 순교자 4위의 유해를 봉안하고 있다. 이들 유해는 한국 천주교와 명동성당이 '순교자들의 희생'으로 세워졌음을 상징적으로 웅변하고 있다.

지하성당에서 나오면 아담한 성모동산이 보인다. 성모동산을 거닐며 주변을 둘러본다. 건립 당시에는 장엄한 성당이 홀로 우뚝했을것이나 지금은 빌딩 숲이 우거져 성과 속의 경계를 구별하기 쉽지 않다. 그러나 빌딩 숲에 갇혔다고 명동성당의 의미와 가치까지 갇힌 것은 아니리라. 이벽과 김범우, 그리고 숱한 무명씨의 희생과 순교의 정신은 여전히 성당 곳곳에 흐른다. 동시에 명동성당은 한국 민주주의의 성지이다. 그 가치 또한 오래 이어지리라.

남산골한옥마을

남산 남쪽에 있다. 수도방위사령부 땅을 매입하여 1998년에 문을 열었다. 남산의 옛 이름은 목멱산으로 예로부터 경치가 아름다워 골짜기에 정자를 짓고 풍류 생활을 즐겼다. 남산골한옥마을은 이런 전통을 되살린 곳이다. 연못과 정자가 있는 전통 정원을 꾸몄으며, 서울 시내에 흩어져 있던 민속자료 한옥 5채를 이전, 복원하여 조상들의 일상을 엿볼 수 있게 하였다. 또 전통공예관에서는 기능 보유자들의 작품과 관광 상품을 전시 판매하고 있다. 한옥마을 안에는 서울남산국악당도 있는데, 요일별로 다양한 국악을 공연하고 있으며, 국악 강좌와 체험 프로그램도 운영하고 있다. 전통 정원 남쪽에는 1994년 11월 서울 정도 600년을 기념하여 타임캡슐을 묻었다. 보신각종을 본 떠 만든 타임캡슐에는 서울의 모습, 시민생활과 사회문화를 대표하는 문물 600점을 수장하였다. 타임캡슐은 400년 후인 2394년 11월 29일 후손들에게 공개된다.

주소 서울특별시 중구 퇴계로34길 28 전화 02-2264-4412

청계천

청계천은 조상들의 놀이터이자 빨래터였다. 북악산과 인왕산에서 발원하여 종로구와 중구 등 서울 한복판을 가로질러 동쪽으로 흐르다가 중랑천을 만나 한강과 합해진다. 2003년 복개 도로와 고가 도로를 철거하고 2년여에 걸친 복원 공사 끝에 2005년 10월에 개방하였다. 광화문 동아일보사 앞에 청계광장을 만들었으며, 소라탑 인공 폭포부터 성동구 신답 철교까지 약 6킬로미터에 걸쳐 다리 22개를 놓았다. 원래 자연 하천이었으나 지금은 물을 끌어다 흐르게 하는 인공 하천이다. 징검다리, 정조반차도, 두물다리 청혼의 벽, 청계문화관에 있는 추억의 판잣집 등 볼거리와 즐길거리가 풍성하다. 비록 인공 하천이지만 도심 한복판에서 산책을 하기에 이만한 곳도 없다. 전화 02-2290-6114

맛집 RESTAURANT

하동관 곰탕, 수육

한국을 대표하는 곰탕집이다. 1939년에 문을 열어 80년 동안 3대에 걸쳐 전통을 이어오고 있다. 곰탕의 주재료인 한우 암소는 창업 이후 줄곧 믿을 수 있는 한 집에서만 들여오고 있다. 곰탕을 끓이는 일은 다른 사람에게 맡기지 않고 김희영 사장이 직접 맡아 한결같은 맛을 지켜오고 있다. 제주산 무와 국산 꽃소금, 새우젓만으로 깔끔하게 만든 서울식 깍두기가 반찬으로 나온다. 깔끔하고 아삭하고 맛이 깊다. 곰탕을 담아내는 그릇으로 방짜유기를 사용하는데, 유기그릇은 보온과 보냉, 살균 효과가 뛰어나다.

주소 서울특별시 중구 명동9길 12
전화 02-776-5656 예산 곰탕1만3천원, 수육 3만원

명동할매낙지 낙지백반, 낙지볶음

할매낙지 입구는 좁고 허름하다. 오래되고 낡아 서울 한복판 명동에 어울리지 않아 보이지만 60년 전통을 자랑하는 낙지백반집이다. 낙지를 좋아하는 사람은 꼭 한번 들러 볼만한 곳이다. 메뉴 구성이 간단해 낙지, 오징어, 제육만 판매한다. 메인 메뉴와 전통의 3종 반찬(콩나물무침, 노란무채, 깍두기), 오뎅국이 전부다. 하지만 맛이 좋아 한번 먹으면 계속 먹고 싶어진다. 주소 서울특별시 중구 명동8길 35-1
전화 02-757-3353 예산 낙지백반 9천원, 낙지볶음 3만원

명화당 김밥, 쫄면, 만두, 떡볶이

명동을 대표하는 추억의 분식집이다. 80년대 서울에서 대학 생활을 한 사람이라면 한번쯤 가보았을 것이다. 예전엔 1층에 있었으나 지금은 매장이 2층에 있다. 분식점치고는 매장이 크고 깨끗하다. 음식 주문 시 기본으로 제공되는 어묵국, 단무지, 깍두기가 옛 추억을 더욱 더해준다. 분식이지만 맛이 깔끔하고 풍미가 좋다.
주소 서울특별시 중구 명동4길 30 전화 02-777-7317 예산 1만원 이내

명동교자 칼국수, 만두, 비빔국수, 콩국수

50여 년 동안 명동에서 같은 맛을 지켜가고 있는 칼국수 전문점이다. 1966년 창업을 해서 명동에 본점과 분점을 운영하고 있다. 명동을 찾는 외국인 관광객이 자주 찾는 음식점으로도 손꼽힌다. 칼국수와 함께 먹는 짙은 마늘 향의 김치 맛이 일품이다.
주소 서울특별시 중구 명동10길 29 전화 02-776-5348 예산 1만원 이내

성공회 서울성당

존중의 정신이 낳은 궁극의 건축

세계 건축가 100인이 뽑은 한국에서 가장 아름다운 건축_서울시 유형문화재 35호
주소 서울시 중구 세종대로21길 15
전화 02-730-6611
대중교통 지하철 1, 2호선 시청역에서 도보로 5분. 5호선 광화문역에서 도보로 7분

지하철 1, 2호선 시청역 3번 출구로 나와 광화문 방향으로 조금 걸어가면 고색창연한 유럽풍 성당이 시선을 사로잡는다. 성공회서울성당이다. 돌담을 사이에 두고 덕수궁과 어우러진 모습이 퍽 인상적이다. 2019년 봄 서울시는 성당을 가리고 있던 건물 일제가 1937년 조선총독부 체신국 청사. 옛 서울국세청 남대문 별관 을 해체하고 그 터에 키가 낮은 서울도시건축전시관과 옥상 공원으로 만들었다. 성당이 그 덕에 93년 만에 아름다운 모습을 온전히 되찾았다. 성당의 공식 명칭은 '대한성공회 서울주교좌성당'이다. 성공회서울성당은 첫인상부터 남다르다. 유럽의 성을 보는 듯 이색적이고 조금은 신비롭기까지 하다. 지상 3층 지하 3층으로, 창틀 상부를 둥글게 굴려 로마네스크 양식으로 지었다. 우리나라 성당은 대부분 앞뒤가 길쭉한 장방형 구조인데 이 성당은 제단 양쪽에 날개를 단 '장십자가형'이다. 하늘에서 보아야 성당 구조를 온전히 확인할 수 있다.

덕수궁 돌담길을 따라 성당으로 들어가면 십자가의 머리에 해당하는 부분이 보이는데 건축 용어로는 이곳을 앱스 제단이 들어선 반원형 공간라고 부른다. 앱스 외부는 구조물이 오밀

조밀하고 큰 종탑과 작은 종탑의 높이를 다르게 구성하여 입체적인 느낌을 강하게 준다. 어떤 이는 이를 율동감이 있다고 표현하기도 한다.

십자가를 본 떠 지은 건축   성공회서울성당의 역사는 1889년 11월 1일 옥스퍼
안팎에 한옥 양식을 담았다   드대학 출신 존 코프 1843~1921 신부가 초대 주교로
                        임명받는 순간 시작되었다. 그는 서품 다음 해인
1890년 의사 2명, 옥스퍼드대학 출신인 트롤로프 신부와 워너 신부 그리고 인쇄 기술자
로 구성된 선교단을 이끌고 우리나라에 입국하였다. 이후 정동 영국대사관 자리에 있던
한옥에 살며 포교 활동을 하다가, 1892년 지금의 서울성당 자리에 한옥 성당을 세웠다.
현재 성당은 1922년 3대 교구장인 마크 트롤로프 그는 강화 성공회성당과 온수리성당도 신축했다
주교가 신축한 것이다. 그는 영국 버밍엄 지역의 유명한 건축가 아더 딕슨에게 설계를 의
뢰하여 4년 뒤인 1926년 5월 2일 공사를 마치고 헌당식을 열었다. 원래는 세로축이 긴 장
십자가형으로 설계를 하였으나 자금이 부족해 '일자형'으로 완성하였다가 1994년 교회
창립 100주년을 기념하여 양쪽 수랑익랑, 십자가의 양 날개 부분과 회중석신자석 일부를 증축
하기 시작하여 1996년 공사를 마쳤다. 성당 증축은 1993년 우연한 기회에 영국 렉싱턴
도서관에 보관 중이던 설계도를 찾은 것을 계기로 시작되었다. 성당이 70년 만에 본래의
아름다움을 되찾은 것은 비단 성공회의 기쁨을 넘어 우리 모두의 행운이 아닐 수 없다.
위에서 잠깐 이야기했듯이 처음 이 자리엔 한옥 성당이 있었다. 지금 그 한옥은 볼 수 없지
만 유럽풍 성당에서 한옥 양식을 만날 수 있다. 로마네스크 건축에 한옥 느낌이 나는 기와
지붕과 처마 장식을 적극적으로 수용한 것이다. 30년 넘게 하느님 말씀을 전하던 한옥에 대
한 배려이든, 타자를 인정하고 존중하려는 성공회의 가치관에서 나왔든, 그 이유를 떠나 우
리로서는 더없이 반가운 일이다.

성공회서울성당은 첫인상부터 남다르다.
유럽의 성을 보는 듯 이색적이고 조금은 신비롭기까지 하다.

성공회는 1536년 로마 교황청이 통제하는 가톨릭 시스템을 거부하면서 시작되었다. 이런 역사적 배경 때문일까? 성공회는 서양 종교 가운데 유독 존중과 관용의 문화를 소중히 여긴다. 이런 이유 때문에 주교가 관할하는 각 나라 교구의 독립성도 최대한 보장하고 있다. 우리나라 성공회성당에 한옥이 많은 것도 존중의 문화와 무관하지 않으리라.

덕수궁에 있던 양이재가
성공회 주교관이 된 까닭은?

이제 안으로 들어갈까 하는데 앞마당에 꽉 찬 한옥이 먼저 시선을 잡아당긴다. 한옥마다 내뿜는 기품이 만만치 않다. 교회 설립 초기 덕수궁 땅 일부를 구입하여 성당을 지었는데, 이 한옥은 그때 궁궐에 있던 한옥들이다. 그 한옥을 거듭 개보수하며 주교관, 수녀원, 사목실, 교무국으로 사용하고 있어 더욱 반갑다. 걸음을 옮기려는데 정원 아래에 있는 '6.10 민주화기념비'가 발길을 잡는다. 지난 100년 세월 질곡의 역사가 주마등처럼 지나간다. 3.1운동 만세 소리, 애타게 민주화를 외치던 대학생들의 목소리가 귓가에 스친다.

한옥 중에서 가장 크고 잘 생긴 건물이 주교관등록문화재 267호이다. 지붕선이 뻗은 모습부터 우아하고 품격이 넘친다. 멋진 한옥에 민족의 한이 어리어 있음을 생각하니 마음이 저려온다. 주교관은 본래 경운궁덕수궁의 옛 이름 안에 있던 '양이재'라는 건물이었다. 1910년까지 황족과 귀족 자제의 교육을 전담하던 수학원 건물이었다. 1919년 고종이 사망하자 일제가 우리 겨레의 정기를 말살하려는 요량으로 덕수궁 땅 일부를 분할 매각하고 건물도 따로 떼어 팔았다. 양이재는 성공회가 1912년부터 임대해 사용하다가 1920년에 매입한 건물이다. 그리고 7년 후 현재의 위치로 옮겨 놓았다. 웬만하면 한옥을 헐고 공간 활용도가 높은 현대식 건물을 지을 법도 한데 성공회는 고맙게도 옛 한옥을 그대로 보존하고 있다. 한옥과 서양 건축이 공존하는 까닭에 성공회성당은 더 빛나고 더 아름다워 보인다. 안으로 들어가자 마음이 설렌다. 예루살렘 남부 베들레헴에 있는 예수탄생교회의 문을 들어가려면 너무 작아서 머리는 물론 허리까지 굽혀야 한다. 그 문보다는 큰 편이지만 성공회성당 출입구도 이곳이 주 출입문인가 하고 확인할 만큼 작다. 자기를 낮추는 겸손함으로 예수의 사랑을 실천하라는 가르침으로 보인다.

정오에 혼례미사가 있나보다. 연미복 윗주머니에 꽃을 꽂은 청년이 왔다 갔다 한다. 얼굴에는 새로운 출발에 대한 기대와 희망이 가득하다. 인생이 녹록하지는 않지만 그래도 살아볼 만하다고, 그 무엇보다 성스럽고 거룩한 게 삶이라고 말해주고 싶었다.

한옥 주교관과 성당 실내. 한옥과 서양 건축이 공존하는 까닭에
성공회성당은 더 빛나고 더 아름다워 보인다.

배려와 존중의 문화가
아름다운 건축물을 낳았다

성수를 찍어 예의를 갖추고 조용히 고개를 드니, 양
쪽 창에서 들어온 빛이 3층까지 터놓은 실내를 은은
하게 비추고 있다. 1층에 낸 창은 스테인드글라스이
고, 2층의 창은 한옥 창호를 닮았다. 스테인드글라스는 여느 성당처럼 성경의 의미를 화려
한 색채로 표현한 게 아니라, 단지 줄무늬에 은은한 색동 이미지를 세련되고 현대적으로
담았다. 우리의 조각보를 연상시킨다. 한참 창문에서 시선을 떼지 못하다가 천장을 올려다
보고는 또 한 번 감탄하였다. 한옥 서까래를 응용하여 천장을 마무리 해놓은 것이다. 오,
이렇게까지! 밖에서 보았던 처마 장식과 성당 내부의 한옥 창문 그리고 서까래로 장식한
천장. 아마도 이 셋은 성공회서울성당의 가장 큰 건축적 특징이자 미덕이 아닐까 싶다. 타
자에 대한 존중의 정신을 이렇게 건축에 접목시키다니. 성공회의 배려와 공존의 문화가 존

경스러웠다. 성공회서울성당은 세계 건축가 100인이 뽑은 '한국에서 가장 아름다운 건축물'로 선정되었다는데 그 이유가 비단 건축적인 조형성뿐만 아니라 이와 같은 존중과 공존의 정신이 스며들어 있기 때문이리라.

성당 입구 중앙에 서서 정면을 바라보면 흰색 기둥이 한 줄에 6개씩 두 줄로 쭉 서 있다. 예수의 열두 제자를 의미한다고 한다. 성당 맨 앞은 반원형 제단이다. 제단 위엔 금빛 찬란한 모자이크화가 있다. 멀리서 보면 프레스코 벽화처럼 보이지만 가까이에서 보면 각석으로 만든 모자이크 제단화이다. 상단에 예수를, 하단에는 성모마리아를, 왼쪽엔 성 스테파노와 성 사도 요한, 오른쪽엔 성 이사야와 성 니콜라우스를 형상화했다. 영국 작가 조지 재크가 1927년부터 1938년까지 무려 11년에 걸쳐 제작한 작품이다. 제단화 왼쪽에는 주교좌가 있는데, 성당을 설계한 아더 딕슨이 직접 디자인한 의자이다.

제단에서 뒤로 돌아 고개를 들면 2층에 있는 파이프오르간이 눈길을 끈다. 1985년에 설치했는데 천사가 양 날개를 펼친 형상으로 우아하고 웅장하다. 20개의 음전음관으로 들어가는 바람의 입구를 열고 닫는 일종의 마개과 무려 1,450개의 파이프로 되어 있어 맑고 풍부한 음색을 표현하기로 유명하다. 실제로 오르간 연주를 듣고 있으면 성스럽고 섬세한 소리가 스며들 듯 가슴에 와 닿는다.

성공회성당은 종종 스치듯 만나던 건축물이다. 근처에 모임이 있을 때면 간혹 주차 신세를 지기도 했다. 그저 운치 있는 영국풍 성당으로만 알고 지내온 것이 사뭇 미안하다. 청색 홍색 기와, 한국식 처마 장식, 색동 조각보를 형상화한 은은한 스테인드글라스와 창호 문틀, 천장의 서까래 구조 그리고 한옥 주교관과 수녀관……. 나는 오늘, 성공회서울성당에 반하고 말았다. 다른 문화를 존중하고 융합시켜 새로운 아름다움을 창조한 성공회의 성숙한 배려 정신에 머리를 숙인다.

덕수궁

서울 도심의 손꼽히는 산책 코스이다. 덕수궁은 조선 말 주권 상실의 아픔이 서린 곳이다. 원래 명칭은 경운궁이다. 덕수궁엔 전통 한옥 건축과 서양식 근대 건축이 공존하고 있다. 정문인 대한문, 법전인 중화전 보물 819호, 고종이 업무를 보던 준명당과 즉조당, 국립현대미술관 분관으로 사용하는 석조전, 고종이 다과와 연회를 하던 정관헌 등이 있다. 애초에는 세조가 남편을 잃고 궁궐에서 나가는 맏며느리 수빈 한 씨를 위해 지어주었으나 임진왜란 때 경복궁과 창덕궁이 불에 타자 선조와 광해군이 이곳에서 머물렀다. 경운궁이라는 이름은 1615년 재건한 창덕궁으로 옮겨가면서 광해군이 지은 이름이다. 반정에 성공한 인조가 1623년 이곳에서 즉위하였다. 그 후 한참 동안 왕실 종친들이 머물다 조선 말 암울했던 시기에 고종이 머물렀다. 1919년 고종이 함녕전에서 승하하면서 주인 없는 궁궐이 되었다. 순종에게 왕위를 물려준 고종에게 덕수라는 궁호가 붙여졌는데, 이를 따라 덕수궁이라 불렀다. 1922년 일제는 덕수궁의 땅과 건물을 분할하여 일반에게 매각하였다. 옛 경기여고, 덕수초등학교, 성공회서울성당, 주한 미국대사관 관저 등이 덕수궁 땅이었다. 현재 덕수궁 크기는 원래의 1/3 정도이다. 서울시청 서소문별관 13층에 있는 정동전망대에 오르면 덕수궁과 정동을 한눈에 내려다볼 수 있다.

주소 서울시 중구 세종대로 98 전화 02-771-9951

정동길과 근대문화유산

정동길 산책은 100년 전으로 떠나는 시간 여행이다. 이문세의 '광화문 연가' 노랫말에 나오는 덕수궁 돌담길이 지금의 정동길이다. 1922년 일제가 덕수궁 일부를 헐고 처음 이 길을 만들었다. 정동은 1800년대 말부터 국제 정치의 중심지였다. 영국과 미국, 독일과 러시아의 공사관이 이곳에 있었다. 서울시립미술관을 시작으로, 배재학당 옛 건물, 정동제일교회, 이화학당 옛 건물, 을사늑약이 체결된 치욕의 장소 중명전이 100년의 세월을 품고 정동을 지키고 있다. 이성계의 첫째 부인 신덕왕후 강 씨의 무덤인 정릉이 이곳에 있었는데, 그 무덤 때문에 '정동'이라는 이름을 얻었다. 캐나다 대사관 앞에는 560년 된 회화나무 한그루가 세월을 품고 서 있다. 정동길은 근대 풍경을 보여주는 아늑한 문화 벨트이다. 길 양편으로 아담한 카페와 식당이 들어서 산책의 즐거움을 더해준다. 매년 10월에 정동문화축제가 열린다.

주소 서울시 중구 덕수궁길 61

서울시청과 서울광장

서울시청은 2012년에 새로 지었다. 한국 전통 가옥의 처마를 재해석하여 친환경적으로 지었다. 지하 5층, 지상 13층이며 세계 최대 규모의 실내 수직 정원이 7층까지 이어져있다. 수직 정원에는 식물 14종이 자라고 있다. 청사 전체 면적의 38%를 시민을 위한 공간으로 꾸몄다. 구청사 1926년 경성부 청사로 시작는 '서울도서관'으로 재탄생하였다. 역사 자료실과 일반 자료실 등이 있고, 시장실을 복원해 놓았다. 구청사 밖으로 나오면, 시민이 하나 되는 장관을 연출하는 서울광장이 펼쳐진다. 주소 서울시 중구 세종대로 110 시청 투어 예약 visitseoul.net

또 다른 여행지 정동전망대, 서울시립미술관, 경교장, 경희궁, 서울역사박물관

맛집 RESTAURANT

어반가든 피자, 스파게티

정동길이 끝날 무렵 오른쪽에 성 프란체스코 회관이 보인다. 이 회관 건너편으로 난 골목길을 따라 들어가면 작은 유럽풍 정원이 있는 어반가든이 나온다. 스파게티와 피자 및 스테이크 등 이태리 음식을 판다. 깔끔한 세팅이 인상적이다. 2층 테라스에 식사 후 커피를 즐길 수 있도록 정원을 예쁘게 꾸며 놓았다. 최근 홍대점을 오픈하였기에 여기는 '어반가든 정동점'이라 부른다. 주소 서울시 중구 정동길 12-15 전화 02-777-2254 예산 2~3만원

남도식당 추어탕

40년이 넘게 2대째 이어오는 추어탕 전문점이다. 정동극장 옆 골목으로 들어가면 나온다. 허름하고 규모도 작은 한옥을 개조하여 사용하는데, 식탁이 10개뿐이지만 맛으로 소문이 나서 점심시간이면 길게 줄을 서서 기다린다. 메뉴는 오로지 추어탕이라서 자리를 잡으면 주문도 없이 그대로 추어탕이 나온다. 밑반찬으로 김치, 오이무침, 얼갈이배추나물이 나온다. 저녁 8시까지 영업한다. 주차는 할 수 없다. 주소 서울특별시 중구 정동길 41-3 전화 전화번호가 없다. 예약도 받지 않는다. 예산 1만원

또 다른 맛집 정동국시, 덕수정, 잼배옥, 고려삼계탕, 강서면옥

약현성당

최초의 서양식 성당, 서소문성지를 품다

벽돌 성당의 원조_사적 252호
주소 서울시 중구 청파로 447-1
전화 02-362-1891
대중교통 지하철 2호선 충정로역에서 도보 7분, 서울역에서 도보 10분

시간이 흐르면 건축물도 아늑해지는 걸까? 올 때마다 느끼는 것이지만 오래된 성당은 편
안함을 듬뿍 안겨준다. 오늘은 진입로를 두고 옆길로 살짝 빠졌다. 작은 숲에 만들어 놓은
14처 기도 동산. 저 아래 도심에서는 바쁜 일상이 펼쳐지고 있지만 이곳은 언제 와도 한적
하다.

14처 동산 계단을 오른다. 한복 차림을 한 성 정하상 바오로, 1795~1839 석상이 인자한 모습
으로 순례객을 반겨준다. 정하상은 다산 정약용의 조카이다. 그는 신유박해 1801 때 서소
문 형장에서 아버지 정약종 복자, 아우구스티노, 1760~1801과 형 정철상 복자, ?~1801을 잃었고,
기해박해 1839 때 어머니, 여동생 성녀 정정혜, 1797~1839과 함께 서소문에서 순교하였다. 그의
가족은 그리스도 신앙을 지키기 위해 죽음을 선택한 순교자 집안이다. 정하상 성인 앞에
옛 서소문 순교자현양비가 서 있고, 계단 옆 풀밭엔 토끼풀이 한창 하얀 꽃을 피우고 있
다. 소담하게 핀 꽃은 흰옷을 입은 조선의 여인을 닮았다.

나뭇잎 사이로 언뜻언뜻 붉은 성당이 보인다. 잠시 계단에 앉아 성당이 들려주는 옛 이

야기를 듣는다. 한때 종소리 은은하게 울려 장안의 화제를 낳았던 약현성당은 우리나라 최초의 서양식 성당이다. 서소문성지를 기념하고 우리나라 최초의 세례자인 이승훈이 살던 집과 가까워 이곳에 성당을 세웠다. 약현이란 이름은 이곳에서 약초가 많이 나 붙여졌다. 1887년에 수레골 순화동 공소로 출발한 후 1891년 종현본당 명동성당에서 분리되었다. 성당 건물은 당시 부주교였던 코스트1842~1896 신부의 설계를 바탕으로 1891년 10월에 건축을 시작하여 1892년에 완공하였다. 고딕 요소와 로마네스크 양식이 혼합된 벽돌조 성당으로 명동성당보다 6년 먼저 세워졌다.

서양의 근대식 성당이 약현 언덕에서 시작되었다

약현성당은 1998년 초 큰 불행을 겪었다. 행려자의 방화로 지붕과 성당 내부가 불에 타고 첨탑 일부가 무너져 내렸다. 행려자는 방석에 불을 붙여 제대 쪽에 던졌다고 했다. 다행히 곧 복원 공사를 하여 2000년에 원래 모습을 되찾았다. 1998년 봄이었다. 나고야에서 온 오타 신부와 함께 성당을 찾은 적이 있다. 시커멓게 타버린 지붕과 성당을 보자 내 마음도 타들어가는 듯했다. 무너져 내린 첨탑을 보며 마음 한쪽이 무너져 내리는 아픔을 느꼈다. 불에 탄 성당을 하염없이 바라보던 오타 신부의 눈빛이 새록새록 떠오른다.

주재원 가족으로 나고야에 살 때 오타 신부와 인연을 맺었다. 한국계 일본인이어서 더 그랬는지 그는 화재 현장을 보고 유독 가슴 아파했다. 나고야 교구청에 근무하던 그는 한국으로 와 연세대 어학당에서 한국어를 배웠다. 일본으로 돌아가서는 재일교포 사목을 시작하였다. 특히 노인들의 한국 성지와 성당 순례에 늘 동행하였고 언어 소통이 쉽지 않았던 결혼 이주 여성들에게 큰 힘이 되어 주었다. 그 자녀들을 데리고 한국을 방문하여 어머니의 나라에 대한 긍지를 심어주고 김수한 추기경과도 만남을 주선해 아이들과 이주 여성들을 감동시켰다. 문득, 미소가 유난히 따뜻했던 오타 신부가 보고 싶다.

약현성당은 중림동 언덕에 서서 박해의 아픔이 서린 서소문 형장을 그윽하게 내려다보고 있다. 정면 중앙에 종탑이 서 있다. 종탑 하단 몸체엔 아치창 한 쌍, 그 아래엔 둥근 원형 창 하나를 내었다. 내부는 긴 십자가형 삼랑식 구조이다. 외부에서는 지붕이 조금 낮아 보이지만 실제로는 천장이 무척 높고 장엄한 공간을 연출한다. 내부 열주는 8각 돌기둥이다. 기둥 위에는 반원형 아치 아케이드기둥으로 지탱되는 아치 또는 그 아래의 개방된 공간이고 그 위에 천장이 있다. 중앙 천장은 굽은 활모양 리브rib로 이루어진 뾰족 볼트pointed vault, 아치 상부가 뾰족한 천장이고, 양측 통로 천장은 목재로 장식적인 구성을 한 반원형barrel vault이다. 제대 뒤편으로 세 개의 스테인드글라스를 통해 들어온 빛이 성당을 밝고 화려하게 장식해준다. 제대 좌우에는 성모자상과 성요셉상을 모셨고, 좌우 벽에는 14처가 걸려있다. 본당 뒤쪽엔 서소문순교성지전시관이 있다. 1998년 화마에 기적적으로 불타지 않은 목조 성모상과 기해박해의 전말을 기록한 서적을 비롯하여 순교와 성당의 역사를 보여주는 자료가 전시되어 있다. 특히 목판 인쇄본인 <을축년 첨례표>1865년 1월~1866년 3월까지의 축일을 기록한 달력는 한국에서 가장 오래된 축일표로 성지전시관의 자랑거리다.

여름이 물러갈 무렵 성당을 다시 찾았다. 오늘은 성당 안이 조금 들떠있다. 혼배미사가 있는 모양이다. 마당엔 차양막이 펴져있고, 삼삼오오 짝을 지은 하객들의 웃음소리가 맑은 하늘로 울려 퍼진다. 손님 접대에 바쁜 혼주의 한복 치마 자락에서 사각사각 풀잎 스치는 소리가 난다. 성당 의자마다 꽃이 달려있고 2층 성가대에서는 축가 연습이 한창이다. 고요하고 경건하던 성당이 오늘은 밝고 행복해 보인다.

약현성당은 <열혈사제>, <레브레터>, <제빵 왕 김탁구>, 이승기와 신민아가 주연한 <내 여자 친구는 구미호> 등 많은 드라마의 무대가 되었던 곳이다. 드라마의 무대가 되었던 성당에서 새로운 인생의 드라마를 시작한다는 것은 크나 큰 축복이리라. 신랑, 신부와 인연이 없는 나도 그저 즐거운데 주인공들의 기쁨이야 말해서 무엇하랴. 새로운 인생의 첫걸음을

이처럼 고풍스럽고 아름다운 성당에서 시작하니, 그들의 인생도 오래오래 행복하고 아름다웠으면 좋겠다.

문득, 여중 시절이 떠오른다. 나는 천주교에서 운영하는 대구의 여학교를 다녔다. 미사가 시작되기 전 미사 보자기를 면사포처럼 쓰고 딴~딴따단~ 딴~딴따단~, 입으로 웨딩마치를 울리며 짝꿍의 팔을 잡고 강당 안을 걷던 친구들의 모습이 떠오른다. 하얀 웨딩드레스와 면사포를 꿈꾸던 그 애들은, 지금 어디에서, 어떤 모습으로 살고 있을까? 사랑의 언약 충실하게 지켜 행복한 가정되게 하소서! 아름다운 기도소리를 들으며 서소문성지로 발길을 돌렸다.

서소문순교성지와 순교성지 역사박물관
2014년 여름, 프란치스코 교황이 다녀가다

서소문공원은 새남터와 더불어 조선시대의 공식 처형장이었다. 신유박해1801부터 병인박해1866까지 여러 차례 박해 때 천주교 신자 100여 명이 처형을 당했다. 옛 사진을 보면 서소문 밖 길은 좁고 가파르다. 천주교인들은 양팔과 머리칼을 매인 채 소달구지에 끌려 이 좁은 길을 지나 서소문 형장으로 왔다. 최초의 영세자인 이승훈1756~1801, 한글 교리서를 쓴 정약종, 백서사건으로 유명한 황사영정약현의 사위이자 정약종과 정약용의 조카 사위, 1775~1801도 이곳에서 참형 되었다. 백서帛書는 황사

영이 제천 배론의 한 토굴에서 1801년에 일어난 신유박해의 전말과 대응책을 기록한 문서로, 글씨를 흰 비단천에 썼다고 하여 백서라 부른다. 황사영의 백서는 신유박해의 자초지종, 주문모 신부의 자수와 처형, 정약종 등 주요 순교자의 열전, 향후 천주교 포교 방안 따위를 한문 1만 3,300여 자에 깨알 같이 담고 있다. 베이징의 구베아 주교에게 보내려고 했으나 사전에 발각이 되어 서소문 형장에서 능지처참을 당했다.

황사영 백서는 의금부에서 보관하고 있었는데 1894년 갑오경장 이후 옛 문서를 파기할 때 조선교구장이던 뮈텔1854~1933 주교가 우연한 기회에 입수하였다. 1925년 한국 순교 복자 79위 시복식 때 로마 교황에게 전달되어, 지금은 로마교황청 민속박물관이 소장하고 있다. 교황청은 백서 20부를 영인하여 세계 주요 가톨릭 국가에 배포하였다. 황사영이 몰래 숨어 백서를 썼던 곳이 충북 제천의 배론성지이다.

새남터성지가 김대건 신부를 비롯한 성직자들의 성지라면 서소문 밖 네거리는 자발적으로 교회를 세우고 신앙을 실천했던 평신도들의 성지이다. 신분도 다양해서 이승훈과 정약종, 정하상 같은 양반과 학자도 있었고, 상궁과 평민도 있었다. 신자들은 광화문 형조에서 판결을 받은 뒤 이곳으로 끌려와 사형을 당했다. 다행히 100여 명의 순교자 가운데 44위가 1984년 시성식 때 성인으로 추대되었다. 서소문성지는 우리나라 순교지 가운데 가장 많은 성인을 배출한 장소이다. 하느님의 은총과 축복을 빌며 편안한 생활만 바라온 나의 마음이 순교자들의 죽음 앞에서 한없이 부끄러워진다.

2014년 8월 프란치스코 교황이 방한했을 때 서소문성지를 참배했다. 참배 후 교황은 순교자들이 끌려온 길을 거슬러 올라가 사형 판결을 받은 광화문에서 시복미사를 주관했다. 서소문에서 처형당한 신자들이 죄인이 아니라 복자라는 사실을 200여 년이 흐른 뒤 바로 잡은 것이다. 이날 복자로 추대된 124위 중 27위가 서소문 순교성지에서 처형된 순교자들이다. 정약종도 이때 시복되었다.

서소문성지에 가면 언제나 순교성지 역사박물관과 순교자 현양탑이 순례객을 맞이하고 있다. 현양탑은 화강암 세 개로 구성된 이 탑은 당시의 형틀을 표현한 것이다. 현양탑 전면에는 박해의 현장을 형상화한 청동 부조를 붙였다. 탑 아래 분수에 잠긴 수많은 조약돌은 이 성지에서 순교한 평신도를 상징한다. 서소문성지에 와서 뒤늦게 깨닫는다. 우리의 빛나는 천주교 역사는 저 조약돌보다 더 많은 순교자와 무명의 신자들이 일으켜 세웠음을. 그들이 믿음의 주인공이자 한국 천주교를 떠받치는 위대한 들보임을.

주소 서울시 중구 칠패로 5 전화 02-3147-2401

문화역 서울 284

사적 284호로 지정된 구 서울역사 경성역 는 1925년 9월 남만주철도주식회사에서 건축하였다. 르네상스식 돔과 독특한 외관으로 건축 당시 장안의 화제가 되었다. 지하 1층 지상 2층 건물로 대부분 붉은 벽돌을 사용하였으나 일부는 화강석을 활용하였다. 우리나라에서 보기 드문 르네상스 궁전 건축 기법으로 지은 근대문화유산이자 가장 오래된 철도 건축물이다. 2004년 1월 새로운 KTX 역사가 신축되면서 구 역사는 원형 복원 공사를 마친 후 '문화역 서울 284'라는 공간으로 새롭게 탄생했다. 전시회, 음악회, 패션쇼 등이 열리는 복합문화공간이다.

주소 서울시 중구 통일로 1 전화 02-3407-3500

남산

서울을 대표하는 휴식처 가운데 하나이다. 옛 이름은 목멱산이다. 북쪽의 북악산, 서쪽의 인왕산, 동쪽의 낙산과 더불어 서울의 중앙부를 둘러싸고 있다. 조선 태조 때에 이 산의 능선을 따라 도성을 축성했다. 지금도 성곽 대대분이 남아 있다. 남산은 성곽, 한옥마을, 산책로, 도서관, 케이블카, 전망 타워 등이 있는 서울을 대표하는 휴식처이자 여가 생활의 중심지 중의 하나이다. 정상에 오르면 팔각정, 봉수대, 서울타워가 있다. 사랑의 자물쇠가 주렁주렁 매달려 있는 하늘공원은 연인들이 즐겨 찾는다. 특히 n-서울타워에서는 서울 시내를 한눈에 내려다 볼 수 있으며 식당, 전시관, 기념품점, 카페 등이 있다. 전망대 식당은 48분마다 360도 회전하는 것으로 유명하다. 이곳에서 식사를 하면 서울 풍경을 모두 눈에 넣을 수 있다.

주소 서울시 중구 삼일대로 231
전화 02-3783-5900

남대문시장

서울 숭례문 일대에 위치한 우리나라 최고의 종합시장이다. 아동과 숙녀 의류, 주방용품, 민예품, 각종 식품, 일용잡화, 수입상품을 취급하고 있다. 길거리 음식도 유명하다. 기원은 조선 태종 14년 1414 새 도읍지인 서울의 남대문 근처에 가게를 지어 상인들에게 빌려준 것이 시초였다. 재래시장이 점차 위축되자 백화점식 서비스, 사이버 쇼핑시장 진출, 정보지 〈월간 남대문시장〉 발간, 도매 고객을 대상으로 하는 회원권 발급 등으로 현대화 · 고급화를 이루어가고 있다. 2000년 3월 관광 특구로 지정되어 외국 관광객들의 필수 코스가 되었다. 시장 서남쪽에 남대문이 있다.

주소 서울시 중구 남대문시장4길 21 전화 02-771-7400

맛집 RESTAURANT

이조칼국수 칼국수, 회덮밥

서울 중림동 실로암 건강랜드 옆에 있다. 10년 넘게 똑같은 칼국수 맛을 유지해 이 지역 사람들에게 인기가 높다. 20여 가지의 재료로 맛을 내는 국물이 깔끔하면서도 맛이 깊다. 인테리어가 심플하고 담백해서 카페에 온 듯한 느낌을 받는다. 신선한 참치 맛을 느낄 수 있는 참치회덮밥, 톡톡 날치알이 씹히는 알밥, 국물이 구수한 떡만두국, 서브 메뉴로 그만인 왕만두 등도 하나 같이 맛이 좋다. 주소 서울시 중구 청파로103길 35 전화 02-363-2532 예산 1만원 내외

호수집 닭꼬치, 닭볶음탕

고추장과 깻잎이 들어간 닭볶음탕과 닭꼬치가 유명하다. 저렴한 가격과 소박한 분위기가 매력이다. 친구, 직장 동료와 어울려 부담 없이 식사하기에 좋은 곳이다. 독특한 소스를 발라 숯불에 구운 닭꼬치는 저녁에만 먹을 수 있다. 맛과 주인장의 푸근한 인심이 알려져 저녁엔 줄을 서서 기다리는 손님이 많다. 주소 서울시 중구 청파로 445 전화 02-392-0695 예산 2만원 이내

원효로성당

소담하고 이국적인 성당

첨두 아치의 아름다움_사적 521호
주소 서울시 용산구 원효로19길 49
전화 02-702-5501
대중교통 지하철 6호선 효창공원앞역에서 도보로 15분

원효로성당을 만나기 위해 집을 나섰다. 초등학교 때부터 결혼하기 전까지 용산에서 살았던 나는 고등학교 삼년 내내 원효로를 지나 등교했다. 버스 안에서 거의 매일 자주색 교복에 양 갈래 머리를 한 성심여고 학생들을 볼 수 있었다. 원효로 성당은 성심여중고 안에 있는 성당이다. 이 학교에 다니는 친구들로부터 수녀님이 선생님이란 얘기를 듣고 얼마나 좋을까 부러워했던 기억도 있다. 오늘은 풋풋한 마음을 안고 고향 친구를 만나는 마음으로 성당 여행을 해볼 참이다. 버스에서 내려 물어물어 언덕길을 오르자 이윽고 교문이다. 교정에 들어서자 경사진 진입로 끝에서 예수성심상이 반갑게 맞아준다. 그 뒤로 붉은 벽돌 성당이 보이고, 오른편으로 옛 용산신학교 건물이 시야에 잡힌다. 성당은 언덕 위에 지은 까닭에 정면은 삼층이지만 언덕 위로 가 후면을 보면 1층으로 보인다. 뾰족 아치창과 지붕 위로 솟은 작은 첨탑이 이국적이다. 나는 잠깐 유럽 소도시의 성당 앞에 서 있는 것 같은 착각에 빠졌다.

원효로성당은 용산신학교의 부속 성당으로 출발했고, 완공 시기도 용산신학교보다 10년

이 늦은 1902년이다. 하지만 현재 신학교는 혜화동으로 이전하고 이제는 원효로성당이 성심여중고의 주인공이다. 원효로성당은 용산신학교를 설계한 파리외방전교회 소속 코스트1842~1896 신부가 디자인을 맡았다. 그는 약현성당과 명동성당을 설계한 뛰어난 사제 건축가였다. 안타깝게도 그는 명동성당과 원효로성당의 완공을 보지 못하고 선종하였다. 성당은 붉은 벽돌 건물이지만 창문과 기둥은 회색 벽돌로 장식하여 두 색이 빚어내는 이미지가 정갈하고 다정다감하다. 예쁘고 정숙하지만 사람 마음을 잘 헤아려주는 속 깊은 올케 언니를 연상시킨다.

김대건 신부가 묻혔던
아담하고 정갈한 성당

원효로성당은 약현성당이나 명동성당보다 규모도 작고 완공 시기도 늦지만 역사적인 의미와 가치는 결코 뒤지지 않는다. 우리나라 최초의 사제인 김대건 신부와 브뤼기에르 주교부터 이 성당의 봉헌식을 집전한 뮈텔 주교까지, 조선교구 1대 교구장부터 8대 교구장의 유해가 모두 이 성당에 안치되어 있었다. 이밖에도 기해박해1839와 병인박해1866 때 순교한 성직자들의 유해도 대부분 이 성당을 거쳐 갔다. 그 후 순교자들의 유해는 혜화동 가톨릭대학교, 명동성당, 절두산성지 등지로 옮겨졌고, 역대 교구장의 유해는 용산 성직자 묘지로 옮겨 안장했다.

성당 안은 환하고 아담하다. 영화를 찍기 위해 마련한 밝은 세트장 같다. 열주가 없이 제단과 회중석만 있는 단순한 구조이지만 정숙하고 은은한 느낌은 여느 성당에 뒤지지 않는다. 조금 전 미사가 끝난 것 같은 기운이 감돈다. 실내에서 가장 인상적인 것은 천장과 창문이다. 제대 뒤에도, 양 옆 창문도, 그리고 천장도 하나같이 뾰족 아치이다. 마치 첨두 아치의 전시장 같다. 창문으로 들어온 한줄기 바람이 이마와 얼굴을 부드럽게 쓰다듬고는 반대편 창문으로 사라진다. 신의 손길이라도 느낀 것처럼 마음이 편안해진다.

원효로성당 내부는 첨두 아치의 전시장 같다. 천장과 창문에서 뾰족 아치의 향연이 펼쳐진다.

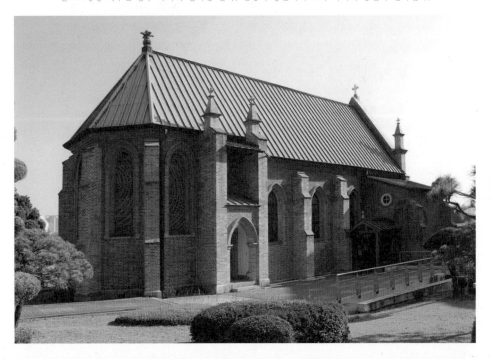

성당을 나와 자그마한 언덕 위로 난 십자가의 길을 걷는다. 아름다운 비밀 이야기라도 나누는 걸까? 교복을 입은 여학생 몇 명이 느티나무 그늘 아래에서 미소를 주고받으며 대화를 나누고 있다. 학생들의 모습이 푸른 잎처럼 싱그럽다.

용산신학교 건물
서울에 세운 최초의 신학교

성심여중고 교정엔 원래 용산신학교가 있었다. 그 전에는 한강을 굽어보던 함벽정이라는 정자가 있었는데 1887년 천주교가 이 땅을 매입하였다. 성직자들이 많이 참수된 새남터와 주로 일반 신자들이 순교한 신계역사공원(당고개 순교성지)이 손에 잡힐 듯 내려다보이는 이곳에 신학교를 지을 요량이었다. 1855년 경기도 여주군 강천면 부엉골에 예수성심신학교가 문을 열었지만 지리적으로 너무 외져 발전이 더뎌지자 학교를 서울로 이전할 계획을 세우고 마땅한 땅을 물색하고 있던 터였다. 경치도 아름답고 순교 성지 두 곳이 코앞에 있으니 신학교 부지로는 더없이 좋은 곳이었다.

용산신학교는 1892년에 완공했다. 우리나라에 현존하는 가장 오래된 신학교 건물이다. 벽돌로 지은 지하 1층, 지하 2층 건물로 화려함을 억제하여 온화하면서도 단정한 느낌을 준다. 개교 후 많은 성직자를 배출하였으나 일제에 의해 탄압도 무수히 받았다. 태평양전쟁을 일으킨 일제는 전국 여러 성당에 퍼져있던 프랑스와 캐나다 신부 등을 적국의 성직자라는 이유를 들어 체포한 뒤 이곳 신학교에 연금시켰다. 그것으로는 안심이 안 되었는지 1942년 일제는 아예 신학교를 폐쇄해버렸다. 그러자 천주교는 이곳에 성모병원 분원을 개설하였다. 그 덕에 일제 말기에 거침없이 자행된 건물 수탈을 막을 수 있었다. 해방 후 다시 교사로 쓰였으나 1956년 신학교가 혜화동으로 옮겨가면서 학교의 역할을 접었다. 지금은 천주교 관련 유물을 전시하는 성심기념관으로 쓰이고 있다.

새남터순교성지

새남터순교성지는 한국 최초의 사제인 김대건 신부가 1846년 9월 16일 효수형을 받고 순교한 곳이다. 조선 초기부터 이곳엔 군사들이 무예를 단련하는 연무장과 중죄인을 처형하는 사형장이 있었다. 신유박해 때 중국인 주문모 신부가 새남터의 첫 순교자가 되었고, 기해박해 때에는 제2대 조선교구장 앵베르 주교와 모방 신부, 샤스탕 신부 등이 순교했다. 1866년에는 프랑스 신부 8명이 처형되어 병인양요의 원인이 되기도 했다. 1987년 기와를 얹은 팔작지붕 위에 3층 탑을 쌓은 순교 기념 성당을 지었다. 새남터기념관에는 이곳에서 순교한 14인의 동판화와 함께 이들의 유해를 모신 성인 유해실이 있다.

주소 서울시 용산구 이촌로 80-8
전화 02-716-1791

당고개순교성지

1839년 기해박해 때 순교한 신자들을 기리는 성지이다. 기해박해가 끝나갈 무렵 천주교 신자들 10명이 이곳에서 처형당했다. 마침 설날을 앞두고 있었는데, 상인들이 설날 대목 장사를 방해받지 않도록 처형장을 옮겨달라고 청원을 하자, 조선 정부가 아예 일정을 앞당겨 신자들을 처형했다. 음력 12월 27일과 28일 이틀간 이곳에서 모두 10명이 참수형을 받았다. 당고개성지 순교자 중 9명은 교황 요한 바오로2세가 방한했던 1984년에 시성되었고, 최양업 신부 모친인 이성례는 2014년 8월 프란치스코 교황에 의해 시복되었다.

주소 서울시 용산구 청파로 139-26 전화 02-711-0933

효창공원

원래는 조선시대 왕실의 묘원이었다. 5살 어린나이에 죽은 정조의 맏아들인 문효세자와 그의 생모인 의빈성씨가 이곳에 묻혀 있었다. 애초 이름도 효창원이었으나 일제 강점기인 1944년에 경기도 고양시 서삼릉으로 강제 이장당하고 이름도 효창공원이 바뀌었다. 지금은 백범 김구 선생의 유해가 안치되어 있다. 일제 때 항일투쟁을 하다 목숨을 바친 윤봉길, 이봉창, 백정기의 유해를 모신 삼의사묘와 안중근 의사의 가묘, 대한민국 임시정부 요인 묘역도 이곳에 있다. 2002년에는 백범기념관이 건립되었고, 원효대사 동상도 이곳에 있다. 사적 330호이다. 주소 서울시 용산구 효창원로 177-18 전화 02-712-3043

맛집 RESTAURANT

신라면옥 냉면, 갈비찜

함흥식 회냉면이 유명한 곳이다. 감자 전분으로 만든 면
과 가오리회를 함께 무쳐 먹는다. 맛은 매콤하고 식감이
쫄깃쫄깃하다. 양념이 중독성이 있어서 다 먹고 나서도
자꾸 입맛을 다시게 된다. 만두와 콩나물, 고구마, 호박
을 넣어 맵게 양념한 신갈비찜도 있다. 회냉면 1인분 가
격은 8천5백원이다.

주소 서울시 용산구 원효로 69 전화 02-719-1290
예산 1~2만원

능이네 닭백숙, 오리볶음탕

닭과 오리 백숙 전문점이다. 버섯의 황제라 불리는 능이
와 부추 등 풍성한 야채를 닭백숙에 넣어 샤브샤브식으로
끓여먹는다. 토종닭을 사용하는 능이닭백숙은 쫄깃한 식
감과 담백한 국물의 맛이 일품이다. 장아찌, 절임류의 반
찬이 담백한 토종닭과 잘 어울린다. 죽과 칼국수로 마무
리 한다. 오골계백숙, 토종닭볶음탕, 오리볶음탕도 있다.

주소 서울시 용산구 원효로 35길2 전화 02-706-6955
예산 3인 기준 5만원 내외

카페 CAFE

우스블랑 베이커리

우스블랑은 불어로 백곰이라는 뜻인데 아마 주인장
의 별명인 듯싶다. 효창동의 유명한 빵집이다. 80%
이상을 우리 밀을 사용하기 때문에 건강을 생각하는
좋은 빵을 만드는 곳으로 이름이 나 있다. 빵의 종류
도 다양하며 가격도 합리적이다. 브런치 맛도 가격
대비 훌륭하다. 일찍 가지 않으면 원하는 빵이 떨어
질 수도 있다.

주소 서울시 용산구 효창원로70길 4
전화 02-706-9356 예산 1~2만원

인천 답동성당

장중한 듯 우아하다

작은 성채 같은 성당_ 사적 287호
주소 인천시 중구 우현로50길 2
전화 032-762-7613
대중교통 인천역에서 택시로 7분

인천역에서 지하철을 내렸다. 산책하듯 느린 걸음으로 차이나타운과 개항장거리를 지나 답동성당 입구에 도착했다. 시간을 되감으며 걸어온 거리엔 130여 년 전 격랑의 시대를 관통하며 치른 오욕의 자취가 곳곳에 배어있다. 1876년 일제의 강압으로 맺은 조일수호조규 강화도조약 는 부산, 원산과 더불어 제물포의 문을 열게 했다. 이때부터 인천은 지금까지와는 전혀 다른 역사를 경험하게 된다. 제물포는 일본, 청나라, 서구 열강이 벌이는 이해 다툼과 요동치는 국제 정세의 파도를 온몸으로 받아들여야 했다. 개항장거리에 있는 일본과 청나라의 조계지, 몇몇 근대 건축물, 외국인들의 사교장 제물포구락부, 자유공원, 개항 시절 서민들의 애환이 서린 신포국제시장이 그때의 요란했던 기억을 조금씩 풀어 들려준다.

로마네스크풍과
비잔틴 양식의 조화

초여름 햇살이 투망처럼 내리는 답동 언덕을 천천히 오른다. 큰길 안쪽으로 난 조금 가파른 언덕을 다 오르면 서양식 성당이 그제야 인사를 한다. 붉은 벽돌 건물에 올린 세 개의 종탑이 아름답다. 팔각기둥을 딛고 선 종탑과 비잔틴풍 돔이 작은 성채처럼 보인다. 축복을 내리듯 종탑 위로 여름 햇살이 쏟아진다. 아름답다. 그리고 신성하다. 벽면에 길게 낸 로만 아치창은 로마네스크 양식과 비잔틴 양식이 적절하게 융합되어 있다. 우아하고 장식적인 아치창은 답동성당의 건축미를 화려하게 완성하고 있다.

1886년 조불수호조약이 체결되면서 조선은 신앙의 자유를 얻게 되었다. 가톨릭은 국제도시로 부상하는 제물포가 정치·경제·지리적으로 입지 조건이 좋다고 판단하고 항구 및 청일조계지와 가까운 답동에 성당을 건축하였다. 1897년 파리외방전교회 소속 코스트 1842~1896 신부의 설계도를 바탕으로 아담한 고딕 성당을 완성했다. 아쉽게도 지금은 그림으로만 확인 할 수 있는 첫 성당은 마치 유럽 지방 도시에서 만나는 작은 교회 같다. 점차 교세가 확장되자 1937년 시잘레 1882~1970 신부의 설계로 지금 모습으로 증축하였다. 붉은 벽돌이 주재료이지만 부분적으로 화강암을 사용하여 중후함과 의장적인 아름다움을 보탰다.

성당 정면 장미창 위에는 커다란 별이 붙어있다. 인천교구 주보성인인 '바다의 별 성모' Stella Maris 를 상징적으로 표현한 것이다. 천주교에서는 예수의 어머니인 성모마리아에게 다양한 수식어를 부여하고 있다. '천상의 모후'나 '자애로운 어머니' 그리고 '바다의 별 성모'가 좋은 예이다. 스텔라는 라틴어로 별을 뜻하는데, 성모마리아를 닮고 싶은 천주교 신자들이 스텔라를 세례명으로 선택하기도 한다. '바다의 별 성모'는 망망대해를 운항하는 배에게 별이 되어주기를 바라는 뜻을 담아서 주보성인으로 정했을 것이다. 우리나라 제일의 항구 도시에 터를 잡은 인천교구로서 이보다 더 좋은 선택이 있었을까 싶다. '바다의 별 성모'가 비춰주는 것이 어찌 바다뿐이었는가? 상전벽해를 뛰어넘는 격랑을 겪으며 살았던 제물포 시대에도, 또 아시아 제일의 관문이 된 지금도 세상은 기쁨과 슬픔, 고통과 희열이 넘실대는 바다일 터이니 성모는 여전히 인생 항해 길에도 별처럼 밝은 빛을 비추어줄 것이다.

아치창이 돋보이는 성당 내부와 외부. 로마네스크 양식과 비잔틴 양식이 적절하게 융합되어 있다.
우아하고 장식적인 아치창이 답동성당의 건축미를 화려하게 완성하고 있다.

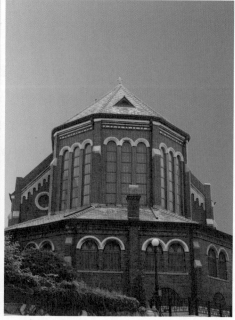

주일이 아닌데 앞마당에 자동차가 가득하다. 한복을 곱게 차려입은 사람들이 오가는 것을 보니 혼배미사가 있는 모양이다. 그 모습을 보자 갑자기 예식에 늦은 손님처럼 마음이 급해졌다. 총총걸음으로 넓은 마당을 지나 출입구 앞에 섰다. 흰색 화강암으로 테두리를 마감한 아치문이 인상적이다. 육중한 듯하지만 부드럽게 반원을 그리는 모습에서 상쾌한 반전이 느껴진다.

하얀 기둥과 진녹색 천장
현대미가 돋보이는 아치창문

성당 평면은 삼랑식이다. 두 줄 열주가 공간을 셋으로 나누고 있다. 하얀 기둥이 신부의 순백색 드레스와 여성 신자들의 흰 미사수건과 호응하며 혼례미사를 더 순결하고 엄숙하게 연출하고 있다. 그런가 하면 제대부 앱스 의 스테인드글라스 창이 진녹색 천장과 조화를 이루며 공간 표정을 더 풍부하게 해준다. 신비롭고 아름답다. 스테인드글라스로 들어온 6월의 햇살이 사제의 미사복 위에 머물고 있다. 양쪽 벽에 설치한 긴 로만 아치 스테인드글라스는 현대적인 감각이 돋보인다. 실내를 경건하게 만들었을 14처 십자가의 길도 행복한 혼례미사 분위기 탓에 오늘은 사랑과 축복의 길로 느껴진다. 새로운 인생의 항해를 시작하는 자리에 신의 축복이 함께 한다는 것은 더할 수 없는 은총일 것이다. 사제의 강복이 끝나고 세상을 향해 행진하는 부부에게 하객들의 축복이 쏟아진다. 초청받지 않은 하객이었으나 혼례미사를 보고 나자 마음이 저절로 따뜻해졌다. 밖으로 나오자 축가라도 부르는 듯 새소리가 유난히 밝고 청량하다. 푸른 나무와 뒤늦게 핀 봄꽃도 오늘따라 생기가 넘친다. 미풍에 넘실대는 나뭇잎 사이로 아름다운 성당이 그림처럼 다가온다. 성당 옆으로 난 철문이 눈에 들어온다. 대문 안쪽에 성당과 조화를 이루며 붉은 벽돌집 한 채가 서 있다. 인천교구 주교관이다. 호젓한 뜰에 교구의 주보성인인 성모상과 이 성당의 주보성인인 성바오로성상이 마주보고 서 있다. 장미창과 아치창 때문일까? 정면에

인천교구 주교관의 호젓한 뜰. 교구의 주보성인인 성모상과
이 성당의 주보성인인 성바오로성상이 마주보고 서 있다.

서 본 성당은 수직적인 힘이 느껴지는 반면 주교관 뜰에서 본 성당은 곡선미가 돋보인다.
아치창과 붉은 벽돌 그리고 종탑까지, 클로버가 양탄자처럼 깔린 풀밭에서 오랫동안 성
당을 바라보았다. 세상의 소란한 생각들이 사라지고 마음속에 고요가 들어와 자리한다.
주교관 뜰에 앵두나무 한 그루 서 있다. 창문으로 성당을 들여다보기라도 하듯이 창가에
바짝 붙어 있다. 초록빛 잎사귀 사이사이마다 새빨간 열매가 앙증맞게 달려있다. 어릴 적
종이봉지에 담아 팔던 빨간 앵두가 떠오른다. 풀잎에 떨어진 열매를 주워 입에 넣으니 새
콤한 맛이 입 안에 퍼진다. 나와 주변 사람들의 인생이 앵두처럼 새콤달콤하기를 기원하
며 성당을 빠져나와 초여름 속으로 걸어간다.

차이나타운과 자유공원

차이나타운은 짜장면의 발생지이다. 임오군란 1882 당시 청나라 군인과 함께 입국한 40여 명의 군역 상인들이 청의 조계지에 정착하면서 차이나타운이 형성되었다. 청나라 영사관도 이곳에 있었다. 1890년도에는 화교가 1000여 명에 이를 만큼 북적거렸다. 인천상륙작전 때 함포 사격을 받아 차이나타운 건물은 대부분이 파괴되었다. 최근에 중국과 교역이 늘어나면서 인천 여행의 대표적인 명소로 새롭게 떠오르고 있다. 원조 짜장면 식당 공화춘은 짜장면박물관으로 문패를 바꿔 달았다. 차이나타운의 매력은 죽 늘어선 중국 식당이다. 하루쯤 추억 나들이를 하며 화덕만두, 공갈빵, 양고기 꼬치를 즐기는 것도 좋을 것이다. 맥아더 장군 동상으로 유명한 자유공원과 여러 출입구로 연결되어 있다. 공원을 산책하며 바로 앞에 보이는 인천항을 구경하는 맛도 남다르다.
주소 인천시 중구 차이나타운로59번길 12

개항장거리

개항장거리는 차이나타운과 인접한 일본 조계지 지역을 일컫는 공식 명칭이다. 곳곳에 남아 있는 근대건축물이 130여 년 전으로 우리를 안내해준다. 현재의 중구청 청사도 일제강점기 때 '인천부 청사'였던 건물을 리모델링하여 사용하고 있다. 이 구역엔 일본 제일은행, 18은행과 58은행 등 근대 풍경을 보여주는 문화유산이 많이 남아 있다. 근대건축물전시관, 인천개항장박물관, 인천 시역사자료관, 제물포구락부 등 다양한 박물관에 들러 개항기의 인천으로 시간 여행을 떠나보는 것도 좋다. 개항누리길 곳곳에 일본식 가옥이 자리 잡고 있어서 어디선가 기모노를 입은 일본 여인을 만날 것 같은 착각이 든다. 주소 인천시 중구 자유공원남로 25

신포국제시장

19세기말 개항과 더불어 외국인 거주자가 늘어나면서 자연스럽게
형성된 재래시장이다. 개항장 시절 성업했던 20여 개의 푸성귀전
이 신포시장의 전신이다. 지금은 현대식으로 깔끔하게 단장되었지
만 한때 어시장이나 닭전으로 불렸다. 지금도 횟집이나 닭집이 제법
남아있다. 오색만두, 공갈빵, 신포시장의 명물 닭강정과 순대, 원조
쫄면 등 별미와 먹을거리 천국이다. 주소 인천시 중구 우현로49번길
11-5 전화 032-772-5812

인천아트플랫폼

중구청 근처 해안동 일대는 개항기 때부터 물류의 중심지였다. 인천
시는 이 일대에 남아있던 창고 건물 10여개 동을 재개발하여 인천아
트플랫폼이라는 복합 예술 공간을 탄생시켰다. 예술가를 위한 창작
과 주거 공간, 전시 공간, 그리고 커뮤니티실과 일반인들을 위한 예
술 교육 장소로 활용하고 있다. 편안하게 들러 작품도 감상하고 예술
도 체험을 한다면 인천 여행이 더욱 만족스러울 것이다. 주소 인천시
중구 제물량로218번길 3 전화 032-760-1000

송월동 동화마을

아이들과 함께 차이나타운에 간다면 송월동 동화마을에 들러보자.
예쁜 동화마을에서 맘껏 유년을 즐기게 될 것이다. 백설공주가 인사
를 하고, 귀여운 아기 사슴 밤비가 뛰놀고, 아이들의 영원한 친구 피
터팬도 만날 수 있다. 곳곳에 마련된 포토존에서 즐거운 추억을 사진
으로 남길 수 있다. 아이들 손을 잡고 동화 속 세상을 즐기며 재미있
는 시간을 가져보자. 수십 년이 흘러도 동화마을의 추억을 호출하며
즐겁게 하루를 보낼 것이다. 주소 인천시 중구 자유공원서로37번길 22

월미도

생긴 모양이 달의 꼬리를 닮았다 대서 월미도月尾島라는 이름을 얻었다. 예전의 칙칙한 유원지 분위기를 벗어나 남
녀노소 즐길 수 있는 해변 테마파크로 거듭나고 있다. 차이나타운 근처 인천역에서 월미도 행 버스를 타고 바
로 갈 수 있다. 놀이기구를 즐길 수 있는 월미테마파크를 중심으로 깨끗하게 단장된 해변을 따라 재미있는 상
호의 맛집과 예쁜 카페들이 성업 중이다. 해가 저문 뒤 바닷바람을 맞으며 황홀한 빛을 내며 춤을 추는 음악 분
수를 감상하는 것도 월미도 여행의 또 다른 매력이다. 주소 인천시 중구 월미문화로 53

맛집 RESTAURANT

원보

중국식 수제 만두 전문점이다. 개방된 주방에서 윤기가 흐르는 물만두와 바삭한 군만두를 만들어 낸다. 두터운 만두피와 만두소가 어우러져 내는 감칠맛을 잊지 못한다. 입안에 퍼지는 중국 향신료의 풍미가 느끼함을 덜어준다. 가격도 비교적 저렴하다. 즉석에서 포장해 가는 손님도 많다. 식당 내부 한쪽에서 작은 중국 상품을 전시 판매하기도 한다.
주소 인천시 중구 차이나타운로 48

복래춘

차이나타운의 원조 중국 제과점이다. 중국 전통 과자인 월병과 공갈빵으로 유명하다. 북방식 월병이 누대에 거쳐 전수되고 있는 집이다. 120년 전부터 4대째 월병을 굽고 있다. 세계에서 가장 맛있는 월병을 굽겠다는 목표와 맛에 대한 자부심이 대단하다. 조금 바삭한 식감이 좋다. 모든 제품이 포장되어 있어서 선물용으로도 좋다. 주소 인천시 중구 차이나타운로55번길 20-1 전화 032-772-3522 예산 1만원 내외 전화 032-773-7888 예산 1만원 내외

자금성

3대째 가업을 이어서 짜장면을 만들고 있다. 짜장면을 인천의 향토 음식으로 지정하는데 많은 노력을 기울인 집이다. 이집의 짜장 소스는 직접 담근 춘장을 섞어서 만들기 때문에 향이 강하다. 눈물이 핑 돌 정도로 매운 사천짜장과 삼선짬뽕이 인기 메뉴이다. 매운 맛에 중독되어 찾아오는 손님이 많다. 다양한 단품 메뉴와 더불어 2만~3만원에 즐길 수 있는 코스 요리도 준비되어 있다. 주소 인천시 중구 차이나타운로 59번길 16 전화 032-761-1688 예산 1만원~3만원

십리향

주인이 직접 대만에서 배워온 기술로 화덕에서 만두를 굽는 집이다. 온도가 수백도 넘는 화덕 벽에 빚은 만두를 붙여서 구워내는 방식이다. 화덕만두를 안은 주인 닮은 사람 키만한 인형이 여행자를 끌어 들인다. 바삭바삭한

만두피 속에 가득 들어찬 만두소가 부드럽고 촉촉하다. 고기, 고구마, 단호박, 팥 등 4가지 소가 들어간 만두를 골라 먹을 수 있다. 월병과 공갈빵도 판매한다. 주소 인천시 중구 차이나타운로 50-2 전화 032-762-5888 예산 1만원 내외

신포순대

1978년 개업한 이래 신포시장의 명소로 떠오른 집이다. 찹쌀 순대로 명성을 얻어 많은 매스컴에 소개되었다. 순대국밥, 곱창전골, 순대철판볶음, 모둠순대 등 순대를 이용한 요리가 모두 모여 있다. 느끼한 것을 싫어하는 사람들을 위해 고추순대를 만드는 등 모든 사람이 즐길 수 있는 메뉴를 개발하려고 애쓰는 식당이다. 주소 인천시 중구 제물량로 166길 33 전화 032-773-5735 예산 1만원 내외

카페 CAFE

팥알

120년 전 일제 강점기에 지어진 건물을 고증을 거쳐 원형대로 복원한 뒤 카페를 오픈하였다. 앤티크 소품을 이용한 실내 장식이 일본풍을 느끼게 해준다. 카페 이름이 말해주듯이 직접 졸인 탱글탱글한 팥을 우유빙수에 올린 팥빙수나 인절미에 계피 가루를 살짝 뿌린 따끈한 단팥죽이 이 집의 대표 메뉴이다. 커피나 나가사키 카스테라 등도 판매한다. 6명 이상이면 2층 다다미방을 예약하여 이용할 수 있다.

주소 인천시 중구 신포로27번길 96-2 전화 032-777-8686

낙타사막

차이나타운과 자유공원 옆에 있다. 식사를 한 후, 또는 많이 걸어 다리가 아플 즈음 휴식을 취하기 좋은 곳이다. 문 앞에서 귀여운 고양이가 손님을 맞는다. 이층에는 좌식 테이블이 놓여있어서 오가닉 차와 커피를 즐기며 여유롭게 문화적 향기에 취해볼 수 있다. 화가인 주인의 실내 꾸밈 안목이 돋보이는 카페이다. 가격도 착하고 이름도 예쁜 차를 마시며 여행의 추억을 쌓아보자. 주소 인천 중구 제물량로232번길 19-2 전화 032-765-9516

또 다른 카페 카페4-B, 바그다드카페, 위린

성공회강화성당
낯익은 듯 이국적인 한옥 성당

우리나라에서 가장 오래된 한옥 성당_사적 424호
주소 인천시 강화군 강화읍 관청길27번길 10
전화 032-934-6171
대중교통 신촌현대백화점 정류장에서 3000A번 승차 후 강화병원에서 하차(2시간 10분)

성공회강화성당은 우리나라에서 가장 오래된 한옥 성당이다. 1900년에 지었으니 벌써 120년이다. 예배당으로는 명동성당에 이어 우리나라에서 두 번째로 사적 424호로 지정되어 2001년 1월부터 나라의 보호를 받고 있다. 한옥 성당은 어떤 모습일까? 실제 한옥과 같은 모습일까? 석조나 벽돌 성당만 보아왔기에 한옥으로 지은 성당이 어떤 모습일지 잘 그려지지 않는다. 이런저런 생각을 하는 사이 차는 벌써 강화대교를 지나 강화군청 근처에 도달했다.

조선 제25대 왕 철종이 강화도령 시절 살았던 용흥궁을 오른쪽에 두고 언덕길로 접어들자 예사롭지 않게 높은 돌계단이 보인다. 그 위로 세도가의 상징과도 같은 솟을대문이 보인다. 성공회강화성당이라고 쓴 현판이 아니라면 누가 저 안에 성당이 있을 거라고 생각이나 하겠는가? 솟을대문을 거쳐 다시 내삼문을 지나면 제법 위엄이 넘치는 2층 성당이 나타난다.

기와지붕과 한옥 문살, 청색 단청, 성경 구절을 담아 걸어놓은 한문 주련……. 정말 성당다운 구석이 하나도 없다. 지붕 위에 살짝 도드라진 십자가와 정면에 있는 '천주성전'이라는 한문 현판이 아니라면 성당이라고 믿을 사람은 없을 듯싶다. 그렇다고 상상하던 모습과 일치하는 것도 아니다. 한옥은 한옥인데 궁궐 건축이나 사찰처럼 화려하지 않다. 서원이나 양반가처럼 생기지도 않았다. 어딘가 모르게 익숙한 듯 이국적이다. 옆면은 이런 분위기가 한층 더하다. 1층은 벽돌로 쌓았고, 2층에는 우리 고유의 격자창이 달려 있다. 그리고 옆면 중간에는 나무로 만든 밝은 하늘색 아치 출입문을 달았다. 우리 전통 양식과 서양의 건축 양식을 융합한 것이다. 아치 출입문은 1900년 이 성당을 건립한 트롤로프 1862~1930 신부가 영국에서 가져와 뒷면에 두 개, 옆면에 하나씩 달았다고 한다.

백두산 적송으로
한옥 성당을 짓다

트롤로프 신부는 한국의 성공회 역사에서 무척 중요한 인물이다. 1890년 존 코프 초대 주교와 함께 처음으로 입국하여 서울에서 전교 활동을 하던 그는 1896년 강화도에 파송되었다. 트롤로프 신부는 강화성당 뿐만 아니라 온수리성당, 서울성공회성당을 건립하였다. 훗날 3대 성공회 조선교구장이 되었는데, 그는 동양 문화 연구자로 명성을 떨친 학자이기도 했다. 1만 권이나 되는 조선 관련 문헌을 소장하고 있었고, 선교의 방향과 철학을 제시한 사람이다. 한 보고서에 따르면 성공회가 보기에 프랑스의 가톨릭은 현실을 무시한 채 전교 정책을 너무 밀고 나가 조선 정부와 마찰을 겪었다. 반대로 미국 개신교는 조선의 규제 범위 내에서만 소극적으로 선교를 하였다. 트롤로프 신부는 조선의 문화와 현실을 존중하면서 두 문화가 공존하는 교회를 지향하는 '제3의 선교 정책'을 펼쳤다. 일종의 토착화 선교 정책이었다. 강화성당은 이와 같은 성공회의 정책이 잘 드러난 건축물이다.

토착 정신을 보여주는 사례는 성당 마당에도 있다. 트롤로프 신부는 내삼문 오른쪽 마당에 불교를 상징하는 보리수나무를, 왼쪽 마당에는 유교를 상징하는 회화나무를 심었다.

회화나무는 불행하게도 2013년 태풍 때 기둥 째 부러져 지금은 볼 수가 없다. 120년 전에 세운 융합의 정신 일부를 상실한 것 같아 서운하기 짝이 없다. 다행히 보리수나무는 돌담보다 몇 곱절은 높이 자라 저 아래 민가를 굽어보고 있다. 보리수나무 아래엔 돌 의자 몇 개가 놓여있다. 이곳에 앉아 성당의 측면을 감상하는 것도 좋다.

강화도의 성공회 역사는 강화성당보다 오래되었다. 조선은 1882년 미국을 시작으로 서구 열강과 수호조약을 맺으면서도 경제 활동을 제외한 다른 활동은 제한하고 있었다. 특히 종교 활동에 대한 견제가 심했다. 1791년 조선 최초의 천주교 박해사건인 진산사건_{신해박해} 이후 이런 경향은 100년 가까이 이어졌다. 1886년 프랑스와 맺은 수호조약을 계기로 선교사의 거주 조건이 완화되었다. 그리고 1899년 조선과 프랑스가 맺은 교민조약_{정교분리조약}으로 드디어 신앙의 자유를 얻게 되었다.

이제, 성공회는 강화도에서 본격적으로 선교 활동을 전개할 수 있었다. 1893년 영국군 군종성직자로 파견된 존 코프 신부는 조선의 규제 사항이었던 '여권 없이 여행할 수 있는 100리' 경계선인 강화도 갑곶나루에 '상업 목적'으로 집 한 채를 구입하며 선교의 첫발을 내딛는다. 때마침 조선은 1893년 조선수사해방학단_{해군사관학교} 을 강화도에 창립하면서 영국에서 교수를 초빙하게 된다. 이로써 영국인의 합법적 거주 여건이 마련되고, 영국인에 대한 인식도 비교적 좋아졌다. 초기 성공회는 고아를 모아 양육하고 교육하면서 교리를 가르쳤다. 서서히 어른들도 성공회를 수용하기 시작하더니, 1897년에는 뒤에 한국인 초대 사제가 된 김희준 신부가 성인으로서는 최초로 세례를 받기에 이르렀다. 같은 해 영국 해군사관학교 교수들이 본국으로 귀국하게 되었는데, 성공회는 그들이 살던 집을 구입하여 '성바오로회당'으로 사용하였다. 여기서는 고아원과 진료소를 겸하여 선교 사업을 하였다.

코프 신부의 뒤를 이은 트롤로프 신부는 1899년 영국복음전도협회의 도움을 받아 성바오로회당에서 서쪽으로 300미터 떨어져 있던 언덕 700평을 구입하여 성당 건축에 착수하였다. 경복궁 중수 때 참여했던 도편수를 목수로 고용하여 한국 전통 건축처럼 솟을대

문을 만들게 했다. 벽돌은 강화 흙으로 만들었다. 경복궁 중수 때 벌목하여 서울 근교에 쓸 만한 나무가 없자 백두산 원시림에서 적송을 구하여 압록강에서 강화까지 뗏목으로 가져와 사용하였다. 트롤로프 신부는 땅을 방주 모양으로 다듬은 다음 뱃머리에는 대문을, 중앙에는 성당을, 그리고 후미에 사제관을 두었다. 이렇게 하여 사찰 건축 배치와 비슷한 한옥 성당이 완성되었다. 평면 설계는 서구의 전통적인 성당 양식을 따랐다. 고대 로마의 초대 교회와 공공건물 양식인 장방형의 바실리카 구조가 그러하고, 기둥을 두 줄로 세워 회랑을 삼등분 하고, 회중석과 제단을 구분한 점도 그렇다.

한옥 성당에 녹아든 트롤로프 신부는 강화의 역사성을 이해하고 성당을 설계한
불교와 유교의 향기 것이 분명하다. 마니산에는 단군에게 제를 올리는 참성단이
있고, 무신정권 때는 39년 동안 고려의 임시 수도였다. 또 불교문화가 융성했던 곳이기도 하다. 팔만대장경이 판각된 곳이 강화도 선원사 터이며, 전등사는 조선시대 왕실의 사찰로 사랑을 받았다. 강화는 수난과 저항의 역사를 체험한 까닭에 민족적인 자존심도 강했다. 조선시대에는 왕실의 유배지이자 유생들의 은둔지 가운데 한곳이었기에 유교 문화도 뿌리를 깊이 내리고 있었다. 트롤로프 신부는 강화의 역사와 정체성을 알고 있었기에 불교와 유교 문화를 수용한 한옥 성당을 지을 수 있었다. 일요일 미사 시간을 제외하고는 성당 출입이 제한되지만 주임 신부의 양해를 얻어 내부를 살펴볼 수 있었다. 정면에 출입문이 네 개이나 모두 닫혀 있어 뒷문으로 들어갔다. 2층 누각 벽체는 모두 창문이어서 자연광이 잘 들어오고 있었다. 길쭉한 신자석에는 초등학교 시절을 연상케 하는 투박한 나무의자들이 잘 정돈되어 있다. 반질반질한 마룻바닥과 나무기둥 등 목재마다 세월의 흔적이 켜켜이 쌓여있다. 타임머신을 타고 100년 전으로 와 있는 것 같다. 기둥이며 대들보에서 백두산 적송을 확인하는 순간 감격스러움에 숨이 멎

을 듯하다. 제단도 예사롭지가 않다. 회중석 신자석 보다 제단을 높이고 나무 난간으로 삼면을 장식했다. 설계자는 단상을 왕의 자리로 생각했을까? 볼수록 우리나라 궁궐 편전에 있는 왕좌가 틀림없다.

마당으로 나오자 기역자형 한옥이 보인다. 흙돌담을 두른 저 한옥은 사제관이다. 담장 아래엔 연보라 섬초롱꽃이 만발해 있다. 사제관과 섬초롱꽃을 눈에 넣고는 내삼문 쪽으로 향했다. 내삼문 한쪽에 보관중인 동종을 보기 위해서다. 이 동종엔 아픈 사연이 깃들어 있다. 1914년 성당 건립 초기에 영국에서 만들어 보내준 동종을 1945년 일제가 무기를 만든다고 빼앗아갔다. 동종은 제자리로 돌아오지 못했다. 지금 있는 동종은 1989년 성도들이 황동으로 다시 만든 것이다. 공출을 당한지 40년이 지나서 만들어 놓았다 하니, 그간 방울방울 맺힌 한이 에밀레종 사연만큼이나 크게 와 닿는다.

태풍에 잃은 회화나무 자리 근처에 기념비들이 서 있다. 강화에 첫발을 내디뎠던 코프 신부 기념비도 있다. 그곳엔 어김없이 영국 왕실 문장인 빨간 장미 한그루가 꽃을 피우고 있다. 장미꽃에 눈길을 주며 천천히 외삼문을 향해 걷는다. 외삼문 기와는 성당 초기 기와 그대로라 한다. 100년 넘은 기와에서만 자란다는 고고한 와송이 이를 증명하고 있다. 방주 모양을 보려고 성당 터가 잘 보인다는 현충탑 언덕으로 올라갔다. 하지만 언덕 아래에 집들이 들어차고, 흰색 꽃이 만발한 커다란 산딸나무가 무성해서 아쉽게도 방주 모양이 신통하게 보이지 않는다. 쥐똥나무 꽃향기만 우리를 반긴다.

주변 여행지 TOURISTIC SITE

고려궁지

고려궁지는 몽고의 침략에 대항하기 위하여 도읍을 송도에서 강화도로 옮겼다가 1232 다시 개성으로 환도할 때1270까지 39년 동안 사용한 고려 도읍 터이다. 궁궐을 송도 궁궐과 비슷하게 짓고 뒷산도 송악이라 하였다. 조선시대에는 이 옛 궁궐터에 행궁을 건립했다. 1637년 병자호란 등 여러 전란으로 다 무너지고 지

금은 외규장각만 복원해 놓았다. 외규장각은 조선시대 왕립도서관 규장각의 부속 도서관 역할을 하였다. 병인양요1866 때 프랑스가 가져간 의궤가 있던 곳이다. 연중무휴 개방한다.

주소 인천시 강화군 북문길 42 전화 032-930-7078

강화인삼센터

강화도에는 인삼센터가 두 곳이다. 하나는 강화대교를 건너자마자 오른쪽에 있는 '강화고려인삼센터'이다. 내부에 58개의 점포가 있고, 수삼과 백삼, 홍삼, 꿀, 영지, 마, 황기 등을 판매한다. 다른 하나는 농협에서 운영하는 '강화인삼협동조합 강화인삼센터'로 강화대교에서 약 500미터 직진하면 왼쪽에 있다. 두 곳 모두 판매하는 상품은 대동소이하다.

강화고려인삼센터 인천시 강화군 강화읍 강화대로 96 전화 032-933-3883
강화인삼센터 인천시 강화군 강화읍 강화대로 335 전화 032-933-5001~4

강화역사박물관

강화군 하점면 고인돌공원 옆에 있다. 강화의 선사시대 유적지, 고려 왕릉에서 출토된 유물, 전통 사찰 소장품이 전시되어 있다. 박물관 옆에 있는 강화 고인돌 사적 137호 은 청동기 시대 대표적 유적이다. 이 고인돌은 경기 중부지방에서 보기 드문 거대한 탁자식으로 뚜껑돌의 길이가 7.1미터, 너비는 5.5미터이다. 유네스코에 등재된 세계문화유산이다. 주소 인천시 강화군 하점면 강화대로 994-19 전화 032-934-7887 휴관일 매주 월요일, 1월 1일, 설날과 추석

또 다른 여행지 갑곶순교성지, 온수리성당, 갑곶돈대, 강화고인돌, 마니산 참성단, 광성보, 동막해변, 석모도, 보문사, 교동도, 평화전망대, 강화둘레길 , 강화자연사박물관, 조양방직 테마카페, 전등사

맛집 RESTAURANT

일미산장 숯불장어

민물장어와 갯벌장어 전문 식당이다. 주방에서 초벌구이를 해서 나오면 식탁에서 석쇠에 한 번 더 구워 먹는다. 소금구이, 간장구이, 고추장 양념구이가 있다. 인삼청, 나물류, 더덕무침, 야채샐러드, 맑은조개탕 등 밑반찬도 푸짐하다. 식사가 끝날 즈음 장어죽이 나온다. 주소 인천시 강화군 선원면 더리미길 2 전화 032-933-8585 예산 2~3만원

우리옥 백반, 병어찌개

60년이 넘은 유명 맛집이다. 노부부가 고모의 가게를 이어 받아 오늘에 이르렀다. 예전엔 허름한 한옥이었으나 지금은 신축한 건물로 옮겼다. '한국인이 사랑하는 오래된 한식당 100'에 선정되었다. 강화성당에서 400미터 거리에 있다. 한식 백반으로 유명하나 특별 메뉴로 병어찌개, 대구찌개, 병어회, 석화, 간장게장도 판매한다. 강화 특산물 순무김치를 맛 볼 수 있다. 주소 인천광역시 강화군 강화읍 남산길 12 전화 032-932-2427 예산 1~3만원

카페 CAFE

매화마름

초지대교 지나 초지삼거리 부근에 있다. 아름다운 꽃과 나무가 있는 정원, 목조 건물, 그리고 실내 인테리어가 정겹고 아기자기하다. 찾기는 힘들어도 만족도는 높다. 메뉴로는 커피, 더치커피, 차, 케이크, 빙수 등이 있다.
주소 인천시 강화군 길상면 길상로25번길 28 전화 070-4193-4889

도레도레

동막해수욕장 부근 마니산 자락에 있다. 식물원에 온 것으로 착각할 만큼 정원이 넓다. 전망도 매우 좋다. 커다란 현대식 건물로 실내와 실외에 테이블이 있다. 모든 인테리어 컬러가 하얀색이어서 마치 동화의 나라에 온 것 같다. 주소 인천시 강화군 화도면 해안남로 1864-18 전화 032-937-1415

또 다른 카페 죽림다원, 감로다원, 로즈베이, 숲길 따라, 조양방직 테마카페

성공회온수리성당

인품 높은 선비를 닮았다

담백해서 더 매력적인 한옥 성당_인천시 유형문화재 52호

주소 인천시 강화군 길상면 온수길38길 14

전화 032-930-4338

대중교통 ①공항철도 검암역에서 700번 승차 후 길상면사무소에서 하차(90분)
②신촌현대백화점 정류장에서 2000번 승차 후 온수시장에서 하차(1시간 45분)

강화군 길상면 온수리에 가면 멋진 한옥성당을 만날 수 있다. 20세기가 막 시작된 1906년에 지어졌으니까 건물 나이 이제 110살이지만, 세월을 거꾸로 산 듯 허름하기보다는 담담하고 세련미까지 풍긴다. 비유하면 학식 높고 인격까지 훌륭한 선비를 닮았다. 주보성인의 이름을 따서 성 안드레아 성당이라 부르기도 한다.

온수리성당은 인천내동교회1891, 성공회강화성당1900에 이어 우리나라에서 세 번째로 설립된 성공회 교회다. 1890년 성공회가 처음 전파된 후, 영국 신부 워너왕란도가 1893년 7월부터 강화읍 갑곶을 중심으로 소외된 이들을 돌보며 선교를 시작하였다. 그러다 1896년 트롤로프1862~1930와 힐러리 신부, 외과의사 로스 등 세 선교사가 부임하면서 선교가 활기를 띠게 되었다. 온수리에 성공회가 들어온 것은 1898년이다. 성밖 갑곶에서 그리고 다시 동문 안에서 진료소를 운영하던 로스는 1897년부터 난저골卵子谷이라고 불리던 길상면 온수리에 집 한 채를 구입하여 진료소와 기도처를 만들고 의료 선교 사업을 추진하였다. 그는 진료를 요청하는 곳이면 어디든 왕진을 다녔다. 한해 약 3,400명을 진료하였고,

오래지 않아 강화 최초의 서양식 병원을 설립하면서 강화 전역에서 유명한 인물이 되었다. 로스의 병원이 좋은 반응을 얻자 강화읍에 있던 힐러리 신부도 1904년부터 난저골로 옮겨와 교회와 진명학교를 시작하였다. 점차 병을 치료 받은 사람들이 교회에 나오기 시작하더니 진명학교 학생들의 전도를 받아 부모들도 교회에 나오기 시작하였다. 1906년에는 영세 희망자만 1백 명이 넘었다. 남쪽에 있는 온수리가 강화 선교의 중심축이 되었다.

한국 문화를 존중한 성공회
종루도 솟을대문으로 만들다

넓은 주차장 너머로 솟을대문, 한옥 성당과 새로 지은 석조 성당, 한옥 사제관과 일제시대 학교로 사용하던 벽돌 건물이 3000여 평의 대지에 자유 방임적으로 배치되어 있다. 성당은 정족산을 뒷배 삼아 초지 들판과 바다로 흐르는 염하, 그리고 서해가 보이는 야트막한 언덕에 자리잡고 있다. 서양 종교인 성공회 성당인데 생김새뿐만 아니라 동양의 풍수사상에 입각하여 전형적인 배산임수 땅에 터를 잡은 모습이 이채로우면서도 은근히 반갑다.

온수리성당은 1906년 트롤로프 신부가 한옥 양식으로 지었다. 교인들은 땅을 기증하고, 특별 헌금을 내고, 소나무를 다듬고, 기와를 구어 한옥 성당을 완성했다. 정면이 3칸, 측면이 9칸인 일자형 전통 한옥으로 지붕도 팔작지붕이다. 용마루의 십자가와 팔작지붕 측면에 설치한 연꽃 모양의 십자가 장식을 빼놓으면 관청이나 향교에서 흔히 볼 수 있는 평범한 한옥이다. 화려한 단청이 없어 담백하고 그래서 더 매력적이다. 화장을 하지 않은 아낙네나 초야에 묻혀 사는 선비 같은 느낌이다.

성당 내부는 성공회강화성당과 마찬가지로 바실리카 양식을 취하고 있다. 들보나 서까래엔 아무런 장식이 없다. 성당 바닥엔 마루를 깔았다. 12사도를 상징하는 2열의 12개 나무 기둥이 주랑과 측랑을 나누고 있다. 특이한 것은 주랑이 측랑보다 오히려 폭이 좁다는 점

온수리성당은 화려한 단청이 없어 담백하고 그래서 더 매력적이다.

이다. 초기에는 주랑 중앙에 휘장을 쳐서 남녀를 구분해 예배를 보았다고 한다. 한옥 성당은 2004년 새 성당을 축성하면서 복원 수리하였다.

성당 남쪽에는 솟을대문 같은 종루가 있다. 종루의 양쪽에 조그마한 공간을 두어 창고로 사용하고 있으며, 중앙은 2층으로 만들었는데 아래층은 출입구 역할을 하지만 문을 달지는 않았다. 위층은 종루로 당시 영국 해군에서 기증한 종이 있었으나 일제 때 징발 당하고 말았다. 1989년에 우리 전통 양식의 종을 제작하여 다시 걸었다.

종루 밖 우측에는 사제관이 있다. 1906년에 힐러리길강준 신부가 건축한 건물이다. 1933년 한 차례 중수를 하였으나 건축 당시의 원형을 유지하고 있다. 천정을 노출시켜 목재의 질박한 자연미를 잘 표현하고 있다. 성공회 신부들은 한국의 전통 문화를 존중하는 선교 정책을 펼쳤는데, 이를 보여주는 구체적인 예가 한옥 성당과 사제관이다.

주일에 사용하는 교회기로
의병들에게 격전 상황을 알려주다

온수리 전교의 특징으로는 초기 천주교와 마찬가지로 뜻밖에도 양반과 상류층에서 개종하는 경우가 많았으며, 이로 인해 집성촌이 개종으로 연결되었다는 점이다. 강화 불은면 출신으로 1901년 힐러리 신부에게 세례를 받은 한학자 구건조의 개종은 당시 강화 지역 지식인 계층에게 성공회에 대한 인식을 바꾸어 놓았다. 온수리 지역은 구건조의 도움으로 당시 이 지역의 세력가였던 광산 김씨 집안의 김영선, 김영지 두 형제가 성공회 교인이 되면서 전교가 확산되었다. 이들 형제가 믿기 시작하자 세도 집안인 광산 김씨 집안에서 교인이 나오기 시작했고, 김씨 집안의 소작인들과 하인들이 성당에 나오기 시작했다. 이를 계기로 지역 사회에서 교회의 위상도 점차 확고하게 되었다.

온수리성당은 의료 선교뿐만 아니라 복음 전파와 교회 개척에 헌신하였으며, 교육 사업

도 적극적으로 추진했다. 1906년 설립된 진명학교는 지금의 길상초등학교로 발전하였다.
온수리 성당은 일제시대 독립운동에도 앞장을 섰다. 선교 초기, 교회기는 주일이나 대축
일을 알리는데 사용했다. 그러나 을사보호조약과 강제 병합 이후에는 일본군에 저항하
는 의병들에게 격전 상황을 알리는 신호로도 사용되었다. 또한 삼일운동 당시 강화에서
일제에 의해 체포된 사람 42명 중 온수리 교회 신자 2명도 포함되어 있었다.

한옥 성당 옆에는 2004년에 새로 지은 새 성당이 있다. 야산 지형을 그대로 이용하여 3층
으로 지었다. 한옥의 기본적인 형태를 유지하면서 연한 회색 화강석으로 외장을 하고, 붉
은색 기와를 올렸다. 기둥은 한옥의 목재 기둥을 연상시킨다. 전체적으로 서울 덕수궁 옆
에 있는 성공회 서울성당과 형태가 비슷하다. 한옥 성당과 사제관은 인천시의 보호를 받
는 문화재이다. 성당은 인천시 유형문화재 52호이고, 한옥 사제관은 유명문화재 41호이다.

전등사

강화도 정족산 삼랑성 안에 있다. 고구려 소수림왕 시절인 381년 중국 진나라에서 온 아도화상이 처음 지었다고 하나 절에 내려오는 기록 말고는 정확한 역사 기록은 없다. 전등사는 고려 때 전성기를 맞는다. 고려 왕실이, 단군이 세 아들을 시켜 쌓게 하였다는 삼랑성 안에 임시 궁궐을 지은 후 절을 크게 중창시켰다. 원래 이름은 진종사였으나 1282년 고려 충렬왕 8년 왕비인 정화궁주가 경전과 옥등을 시주한 것을 계기로 이름을 '전등사'로 개명하였다. '전등'이란 '불법의 등불을 전한다'는 의미이다. 조선시대에도 왕실 종찰로 계속 번성해 나갔으나 광해군 때인 1614년 화재로 건물이 모두 소실되었다. 1621년 2월 절을 재건했는데 그때 지은 대웅전은 보물 178호이다. 이밖에 약사전 보물 179호, 범종 보물 393호, 목조석가여래삼불좌상 보물 785호 등과 정족산사고, 고려가궐지 등 많은 문화유산을 소유하고 있다. 꽃은 피우나 열매를 맺지 않는 500년이 넘은 암수 은행나무도 유명하다.

주소 인천시 강화군 길상면 전등사로 37-41 전화 032-937-0125

강화 광성보

조선시대 쌓은 군사 유적으로 강화도 남동쪽 김포시가 마주 보이는 해안가에 있다. 강화 8경에 속할 만큼 경치가 아름답다. 효종 9년1658에 설치되었고 강화 해안에 있는 경계 부대 12진보 중 하나이다. 영조 21년1745에 성을 고쳐 쌓으면서 안해루라는 성문을 만들었다. 병인양요 때는 프랑스군에 맞서 싸웠으나 병사들 대부분이 전사하고 말았다. 프랑스 군대는 이때 정족산사고에 있던 왕실 행사를 글과 그림으로 기록한 의궤를 약탈해갔다. 고종 8년1871 신미양요 때 가장 치열한 격전지 가운데 하나였다. 광성보 안에 광성돈대, 어재연·어재순 형제의 충절을 기리는 쌍충비각, 무명용사 비, 신미순의 총, 손돌목돈대 및 용두돈대가 있다.

주소 인천광역시 강화군 불은면 해안동로466길 27

전화 032-930-7070

마니산

마니산은 해발 472미터로 그다지 높지 않으나 한반도 중앙에 위치한 까닭에 귀한 대접을 받는다. 실제로 이 산에서 백두산과 한라산까지의 거리가 거의 동일하다. 바다와 들판, 인천국제공항까지 한눈에 조망할 수 있다. 산 정상에는 단군이 하늘에 제사를 지내기 위하여 쌓았다는 참성단이 있다. 고려 원종 11년1270에 보수를 한 후 조선 인조 17년1639과 숙종 26년1700에 계속하여 고쳐 쌓았다. 천원지방 사상을 반영하여 하늘을 뜻하는 하단은 자연석으로 둥글게 쌓았고, 상단은 네모지게 쌓아 땅을 나타내었다. 개천절마다 참성단에서 단군께 제사를 지낸다. 전국체전 봉화를 채화하는 곳이기도 하다. 등산로를 따라 918개의 돌계단이 있다. 산행 시간은 코스에 따라 1시간에서 2시간 남짓 소요된다. 주소 인천시 강화군 화도면 상방리

또 다른 여행지 갑곶순교성지, 동막해변, 석모도, 보문사, 교동도, 강화 성공회성당, 강화역사박물관, 강화고인돌, 강화인삼센터, 고려궁지, 갑곶돈대, 평화전망대, 강화둘레길

맛집 RESTAURANT

충남서산집 꽃게탕, 게장백반

충남서산집은 강화도의 이름난 꽃게 전문 식당이다. 섬의 서쪽 내가면 외포리와 양도면 인산리에 본점과 신관이 있다. 외포리 선착장 부근에 있는 본관은 어머니가 운영하고 있고, 인산저수지 인근에 있는 신관은 작은 아들이 경영하고 있다. 주요 메뉴는 꽃게탕, 꽃게찜, 게장백반 등이다. 두 가게 모두 같은 재료와 요리법으로 음식을 만든다. 당일 들여온 꽃게만 사용하기 때문에 재료가 일찍 떨어진다. 이런 이유 때문에 두 식당 모두 오후 8시까지만 영업을 한다. 밑반찬으로 나오는 순무깍두기, 어리굴

젓, 나물류도 맛이 깔끔하고 담백하다. 본관 인천시 강화군 내가면 중앙로 1200, 032-933-8403 신관 인천시 강화군 양도면 중앙로 911, 032-937-3996 예산 1인 2~3만원

마니산산채 산채비빔밥, 도토리묵

강화도 남쪽 함허동천으로 들어가기 전에 있다. 강화군청 주최 향토음식경연대회에서 최우수상을 받았으며, 최근에는 착한 식당으로 선정되기도 했다. 입구에서 번호표를 뽑아서 순서를 기다릴 정도로 많은 사람이 찾는다. 산채비빔밥과 된장찌개, 도토리무침, 감자전이 있다. 메뉴판에 반찬을 종류 별로 기록해 놓았다. 당귀, 오가피, 매실 마늘쫑, 더덕, 참외 등 10가지가 넘는 장아찌가 눈길을 끈다. 그 외 콩전과 김치류가 나온다. 현관에는 '약초물'이 있어 자유롭게 마실 수 있다. 순무김치와 말린 산초를 판매한다.
주소 인천시 강화군 화도면 해안남로 1182 전화 032-937-4293 예산 1~2만원

토가 새우젓순두부, 두부김치, 콩국수

토가는 강화도 남단 화도면 해안가 도로변에 있다. 오래
된 한옥 가정집을 개조하여 식당으로 사용하고 있다. 강
화도 토속 전통 음식점으로 두부가 주 메뉴이다. 큼직하
게 썬 두부와 묵은지쌈이 조화를 이룬 두부김치, 새우젓
으로 밑간을 한 순두부가 대표 음식이다. 훈제 유황오리
와 여름철 메뉴인 검정콩국수도 인기가 많다. 기본 반찬
으로 순무깍두기, 무채, 김치류, 나물류와 밴댕이젓이 나
온다. 규모는 크지 않으나 고향집 같은 마당이 있다. 카
페 도레도레가 근처에 있다.

주소 인천시 강화군 화도면 해안남로 1912 전화 032-937-4482 예산 1~2만원

카페 CAFE

죽림다원

전등사 경내에 있는 전통찻집이다. 전등사 남문으로 들어
가 대웅전 다다르기 바로 전, 왼쪽에 있는 한옥 건물이다.
오미자차, 국화차, 쌍화차 같은 한방차와 커피, 계절에 따
라 레몬차, 호박죽, 팥죽 등 메뉴가 다양하다. 연꽃빵을 특
산물로 판매한다. 인테리어에서 사찰 부위기가 물씬 나며,
도자기와 생활 다기를 전시 판매하고 있다. 봄부터 가을까
지 정원에 야생화와 화려한 꽃이 만발한다.

주소 인천시 강화군 길상면 전등사로 37-41
전화 032-937-0125

로즈베이

강화도 초지대교를 건너 1킬로미터 거리에 있다. 1000평 규모의 야생화 정원이 있으며 바다 전망이 아름답다.
커피, 차뿐만 아니라 이태리와 프랑스 음식도 판매하는 카페 겸 레스토랑이다. 텃밭에서 기른 야채와 김포 대
명항에서 막 가지고 온 생선, 유정란, 이태리와 프랑스산 천일염을 사용하여 요리한다. 천연 발효한 빵에 대한
자부심도 높다. 도자 공예 작업실과 갤러리가 딸려 있는데 전시된 토기와 도자기, 목가구 등은 모두 카페 주인
의 가족들이 만든 것이다. 오전 11시부터 저녁 10시까지 영업하며, 매주 화요일은 휴무이다.

주소 인천시 강화군 길상면 해안동로 112-12 전화 032-937-9537

또 다른 카페 매화마름, 숲길따라, 감로다원

경기·강원

Gyeonggido·Gangwondo

안성 구포동성당·춘천 죽림동성당·춘천 소양로성당
횡성 풍수원성당·원주 용소막성당·홍천성당

안성 구포동성당

한옥에 서양을 입히다

안성 포도가 이곳에서 시작되었다 _ 경기도 기념물 81호
주소 경기도 안성시 혜산로 33
전화 031-672-0701
대중교통 안성종합버스터미널 앞에서 택시 10분 이내

안성 구포 동산에 100년 세월을 품은 아름다운 성당이 있다. 포도하면 떠오르는 안토니오 공베르 1875~1950 신부의 따뜻한 안성 사랑 이야기가 깃든 한옥 성당이다. 구포 동산 안으로 들어서면 성당보다 로켓처럼 생긴 탑이 먼저 눈에 들어온다. 2000년 10월 3일 본당 설립 100주년을 기념하여 세운 로고스 탑이다. 이 탑 안에는 200주년 때 열기로 한 타임캡슐이 내장되어 있다. '로고스'는 그리스어로 말, 논리, 이성을 뜻하지만 여기서는 하느님의 말씀 또는 삼위일체 성부, 성자, 성령 중에서 '그리스도'를 뜻한다. 로고스 탑 왼쪽에 있는 회색빛 건물은 2000년에 새로 지은 본당이다. 구 본당이라 불리는 한옥 성당은 동산 제일 안쪽에 있다. 구포동성당은 두 얼굴을 가졌다. 정면에서 보면 세월의 정취를 느낄 수 있는 붉은 벽돌식 성당 건물이지만 옆모습은 영락없는 목조 한옥이다. 구포동성당의 역사는 조선 말기로 거슬러 올라간다. 안성은 당시 천주교의 중심축이었던 충남 내포지방과 가까워 전래 초기부터 신자가 많았다. 1866년 병인박해 때 안성, 죽산, 미리내 등지에서 많은 신자들이 순교하였으나 이 지역 사람들의 믿음을 꺾을 수는 없었다. 1901년에는 아산 공세리성당에

서 분리하여 본당이 설립될 만큼 성장하였다.

본당이 처음 생겼을 때는 민가를 매입하여 사용하였으나 20년쯤 지나자 비좁아 더 이상 사용할 수 없게 되었다. 구 성당은 1922년 파리외방전교회 소속 공베르 신부가 안성 보개면 신안리에 있던 한옥 강당을 매입한 뒤 기둥, 서까래, 기와 등을 재활용해 지금 위치에 2층으로 지은 것이다. 원래는 한옥 형식이었으나 1955년 성당 입구와 종탑을 로마네스크풍 적벽조로 고쳐지어 한옥과 서양 건축 양식이 융합된 독특한 성당이 되었다. 앞면 3칸, 옆면 9칸으로 가로보다 세로가 긴 라틴십자형이다. 화강석 기초 위에 외벽을 쌓았는데 창틀 아래는 돌로 쌓고 상부는 목조 심벽구조벽체에 가는 나무로 심을 만든 뒤 흙 반죽을 발라 완성한 벽로 회칠을 하여 벽을 마감하였다. 출입구는 성당 대부분이 그렇듯이 반원형 아치이다. 그 위층엔 성가대석이 있다. 종탑 상부엔 첨탑 3개가 있는데, 가운데 종탑은 8각형이고 양쪽 종탑은 사각뿔 모양이다.

성당 안으로 들어섰다. 입구에서 제대 앞까지 이어지는 2열 나무 기둥이 회중석을 삼랑식으로 분할하고 있다. 서양식 성당과 다른 점이 있다면 신랑중앙 신자석이 더 넓고 측랑좌우 측면 신자석이 매우 좁다는 점이다. 신랑은 2층까지 튼 통층 구조인데 반해 측랑은 1층과 2층으로 나누었다. 이런 구조 때문일까? 실내가 개방감을 주면서도 다른 한편으로는 아늑한 느낌을 준다. 백두산 소나무로 만들었다는 사각 열주도 인상적이다. 상단과 하단 일부에 돌을 장식을 한 모습이 한옥 양식이 아니라 서양의 신전 기둥처럼 보인다.

공베르 신부의 한국 사랑
백두산 밑 중강진에서 저물다

포도는 안성의 특산물로 이름이 높다. 공베르 신부는 안성이 포도의 고장으로 명성을 얻는데 큰 공을 세웠다. 신부는 미사주를 만들기 위해 프랑스에서 머스켓Muscat이란 포도 품종을 들여와 성당 마당에 심었다. 그는 마구간 같은 초

가집에 살면서도 신앙을 지키고 배움을 게을리 하지 않는 사람들에게 큰 감동을 받았다. 훗날 그는, 비록 삶은 누추했으나 조선 사람들 표정엔 무시하지 못할 기품이 서려 있었다고 고백한 적이 있다. 공베르 신부는 삶을 향한 의지에 감동을 받아 신자들에게 포도 묘목을 보급하기 시작했다. 나중에는 일반 농가에까지 퍼져 안성은 명실상부한 포도의 고장이 되었다.

공베르 신부의 한국 사랑은 여기에서 그치지 않았다. 그는 을사늑약 이후 조선이 실질적인 일본 식민지로 전락하자 1909년 1월 성당 뒤뜰에 안법학교안법고등학교의 전신를 설립하고 한글과 조선의 역사를 가르쳤다. 1919년에는 삼일운동에 참여한 사람들을 성당 안으로 들여보내고는 사제관 앞에 프랑스 국기를 게양한 뒤 치외법권을 주장하며 왜경의 성당 진입을 막았다. 한국과 한국 사람을 사랑했던 공베르 신부는 그러나 안타깝게도 한국전쟁 때 북한군에게 납북되어 중강진 수용소에서 생을 마감하였다.

성당 뜰에는 예수의 14처 기도의 길이 있다. 14처는 예수가 빌라도에게 재판을 받고 골고다 언덕에서 돌아가실 때까지 겪은 수난 과정을 열 네 개의 형상으로 만들어 놓은 것이다. 요즘에는 예수의 부활 모습을 하나 더 만들어 15처로 꾸민 성당도 있다. 14처 길을 마치 사색의 길처럼 예쁘게 꾸며 놓았다. 오래된 나무들이 그늘을 만들어주는 뜰에 빨갛게 익은 산딸기 몇 개가 이브의 사과처럼 사람을 유혹한다. 푸른 잎들이 알록달록 단풍으로 물들 즈음 오늘의 감동과 따뜻한 기억을 되새기며 다시 걸어보고 싶다.

성모상 앞에 피어 있는 빨간 장미가 물기를 머금은 채 살랑댄다. 계단을 내려서면서 알 수 없는 아쉬움에 자꾸 뒤를 돌아본다. 저 높은 곳에서 울려 퍼지는 종소리를 듣고 싶다. 피에타상 앞에서 두 손 모아 기도하는 한 어머니 곁에 섰다. 죽은 예수를 떠받치며 비탄에 잠긴 성모를 보며 세월호 사고로 자식을 잃은 어머니들을 떠올렸다. 슬픔의 밑바닥에서 가슴을 짓누르는 고통을 참아내는 어머니들을 생각하며 살며시 두 손을 모은다. 비 그친 오후, 하늘에서 내려온 한줄기 빛이 위안처럼 성당을 비추고 있다.

미리내성지

안성시 양성면 쌍령산 아래에 있다. 한국 천주교의 역사를 알 수 있는 대표적인 성지이다. 신유박해1801 와 기해박해 1839 때 경기도와 충청도의 천주교 신자들이 이곳으로 숨어들어 밭을 일구고 그릇을 구워 팔며 공동체 생활을 했다. 미리내는 은하수의 순수한 우리말이다. 깊은 밤이 되면 마을에서 새어 나오는 불빛이 은하수처럼 보인다고 해서 이처럼 아름다운 이름을 얻었다. 한국 최초의 사제인 김대건 신부의 묘지가 1846년부터 1901년까지 이곳에 있었

다. 지금은 아래턱뼈가 경당에, 종아리뼈가 103위 시성기념성전에 모셔져 있고, 나머지 유해는 전국 성지와 성당 290여 곳에서 나누어 보관하고 있다. 한국천주교103위 시성기념성전, 무명 순교자 묘지, 로사리오 기도길, 묵상의 집과 피정의 집, 성모성심수도회와 천주성삼성직수도회 등이 이곳에 있다.

주소 경기도 안성시 양성면 미리내성지로 420 전화 031-674-1256

금광호수

드라이브 코스로 이름난 금광호수는 V자 계곡형 호수이다. 강태공들에게 이름난 낚시터로 안성시청에서 그리 멀지 않은 금광면에 있다. 봄철에는 상류 수초 밭에서 월척급 떡붕어가 많이 낚이고 겨울철에는 빙어를 낚으러 많은 사람이 찾는다. 주변에 소문난 맛집, 카페, 펜션이 많다. 조각공원과 청학대미술관도 있다. 호수 가장자리에 도로가 나 있어 중간 중간 차를 세우고 아름다운 호수 풍경을 구경할 수 있다. 주소 경기도 안성시 금광면 오흥리 일원

칠장사

죽산면 칠현산 자락에 있는 고찰이다. 태조 왕건과 세력을 다투었던 궁예가 13세까지 이곳에서 무술과 활쏘기 연습을 했다고 전해진다. 가장 번창했던 고려 때는 무려 56동의 건물이 있었다고 한다. 선조의 둘째 왕비로 광해군과 대결했던 인목대비가 하사한 괘불탱화국보 296호를 비롯하여 국보급 문화재를 많이 소장하고 있다. 역사소설 <임꺽정>의 배경이 되기도 했고, 어사 박문수가 기도를 드리고 장원 급제를 한 사찰로도 유명하다. 허리가 굽은 아름드리 소나무를 그대로 대웅전 기둥으로 사용하여 파격미와 자연스러움을 한껏 뽐내는 절이다. 절이 깃든 칠현산은 사철 다 아름답지만 가을 단풍이 특히 빼어나다.

주소 경기도 안성시 죽산면 칠장로 399-18 전화 031-673-0776

서일농원

된장과 간장, 고추장이 익어가는 항아리 수백 개가 장관을 이루는 곳이다. 안성시 일죽면 중부고속도로 일죽 IC 부근에 있다. 드라마와 화보의 단골 촬영지인 장독대뿐만 아니라 드넓은 과수원을 내려다보며 산책하는 즐거움이 쏠쏠하다. 여름이면 용연지에 연꽃이 탐스럽게 피어나 저절로 카메라를 들이대게 된다. 농원 내에 오래 묵은 간장과 된장으로 만들어내는 한정식집 솔리가 있다. 농원에서 담근 된장, 고추장, 청국장, 장아찌 등을 구입할 수 있다. 주소 경기도 안성시 일죽면 금일로 332-17 전화 031-673-3171

또 다른 여행지 고삼호수, 안성맞춤공예문화센터, 청룡사, 안성팜랜드, 안성향교, 아트센터마노, 남사당전수 관, 죽주산성, 안성맞춤박물관

맛집 RESTAURANT

솔리 된장찌개정식, 청국장찌개정식
된장으로 유명한 서일농원 안에 있는 한정식집이다. 오래 묵은 간장과 된장으로 전통의 맛을 낸다. 된장이나 청국장 찌개를 시키면 20가지가 넘는 밑반찬이 따라 나오며 직원 이 곁에 와서 맛있게 먹는 법을 자세히 설명을 해준다. 식사 후 서일농원을 산책 할 수 있어 더욱 좋다.
주소 경기도 안성시 일죽면 금일로 332-17
전화 031-673-3171 예산 2~3만원

안일옥 설렁탕, 곰탕

밤새 우려낸 육수로 설렁탕, 소머리국밥, 곰탕, 내장곰탕, 안성 맞춤우탕 등 갖가지 곰탕을 끓여낸다. 안일옥은 100년의 역사를 향해 달려가는 대물림 향토 음식점으로 경기도에서 가장 오래된 식당이다. 탕 속에 담긴 고기의 양이 많아 한 그릇만 먹어도 속이 든든하다. 따뜻한 탕국을 먹고 칼칼한 김치와 아삭한 깍두기를 먹으면 입맛이 개운해진다. 주소 경기도 안성시 중앙로411번길 20 전화 031-675-2486 예산 1~2만원

카페 CAFE

로스 가든 카페&비노

안성 미리내 성지 가까이에 있는 미산저수지 근처에 있다. 탤런트 노주현 씨가 운영하는 카페 겸 공연장이다. 푸른 숲과 저수지를 바라보는 뷰가 멋진 카페로 조경 장식으로 세워놓은 소품 하나하나가 그대로 풍경이 된다. 가족, 친구, 연인이 두루 많이 찾는다. 미리내성지를 다녀온 후 함께 들려도 좋은 곳이다.

주소 경기도 안성시 양성면 미리내성지로 299-8 전화 031-674-6969

향천

전통 찻집으로 금광호수를 바라보며 차를 마실 수 있다. 실내를 장식하고 있는 다기와 떡살 등이 한옥 같은 편안함을 느끼게 해준다. 국화차와 메밀차 같은 전통차를 즐길 수 있다. 직접 만든 팥빙수가 이 집의 자랑거리다.

주소 경기도 안성시 금광면 진안로 944 전화 031-674-7377

춘천 죽림동성당

외강내유가 돋보이는 석조 성당

돌 건축의 질박한 아름다움_등록문화재 54호
주소 강원도 춘천시 약사고개길 23(약사동 38)
전화 033-254-2631
대중교통 남춘천역, 춘천역 또는 춘천시외버스터미널에서 택시 이용

죽림동 성당은 춘천교구에서 규모가 가장 큰 성당이다. 1920년 풍수원성당에서 독립한 곰실본당 춘천시 동내면 고은리에서 시작되었다. 곰실본당 신도들이 모은 돈과 이 지역에 신앙의 싹을 틔운 엄주언의 헌금으로 지금의 성당 아래에 있던 집과 땅을 사들였다. 10년쯤 흐른 1939년 퀸란1896~1970 주임 신부와 신도들이 약사리 고개 도토리 밭을 추가로 매입하였는데, 그 땅이 현재 성당이 있는 자리이다. 1941년부터 성당 신축 계획을 세웠으나 사정이 여의치 않아 1949년 4월 5일에야 착공하였다. 홍천강에서 석재를 날라와 외벽을 쌓고 동판 지붕까지 얹은 뒤 내부 공사를 하는 와중에 한국전쟁이 터졌다. 이때 한쪽 벽이 모두 무너지고 사제관과 부속 건물이 파괴되었다.

1951년 8월 커머포드 토마스 신부가 13대 주임 신부로 부임하였다. 그는 마당 천막에서 미사를 드리며 성당 복구 준비를 하였다. 전쟁 중임에도 불구하고 미군과 교황청의 지원으로 1953년에 복구가 대부분 완료되었다. 춘천 대목구 출범 직후인 1956년 6월 8일 주교좌 성당 축성식을 가졌다. 죽림동성당은 1999년 춘천 교구 설정 60주년을 앞두고 리모델링 공

사를 벌였다. 춘천교구장 장익 주교와 가톨릭미술가회 작가들이 의기투합하여 성당의 구조와 형태는 그대로 보존하면서 제대와 내부 성물을 새롭게 꾸몄다. 이렇게 하여 전례 거행에도 합당하고 예술적으로도 아름다운 성당으로 다시 태어났다. 죽림동성당은 작은 소품도 예술가의 손을 빌어 제작하였는데, 지금도 신축하는 성당과 성지의 미술품 제작에 큰 영향을 주고 있다. 2003년 6월 근대문화유산 등록문화재 54호로 등록되었다.

죽림동성당은 건물의 높이와 폭에 비해 길이가 매우 긴 건물이다. 종탑이 꽤 높은 것도 특징인데 건물 본체보다 두 배 이상 높다. 성당 외형은 전체적으로 로마네스크 양식을 따르고 있다. 성당 안으로 들어가려면 둔중한 청동 문을 지나야 하는데 고풍스러운 외벽과 어우러져 오래된 성과 같은 느낌을 준다. 외부와 달리 실내는 현대적인 감각이 돋보여 대조를 이룬다. 내부는 열주가 없는 단순 장방형이다. 천장은 목조 아치이고 바닥엔 나무 마루를 깔았다. 제단은 회중석보다 두 단 높게 구성되어 있다. 우측에는 해설대가 있고 그 뒤쪽에 감실_{성체를 모셔두는 곳}을 배치했다. 창문은 그림과 문양을 자유롭게 형상화한 유리화이다. 마치 회화와 조각보를 재현해 놓은 것 같은 유리화는 외부에서는 보이지 않으나 실내에서는 햇빛을 받아 다양한 색채를 띤다. 유리화는 신앙의 기쁨과 아픔을 표현하고 있는데 좌우로 11점씩 모두 22개이다.

다른 성당도 대부분 그렇지만 이 아름다운 성당도 평신도와 내외국인 신부의 헌신과 희생 위에 핀 숭고한 꽃이다. 성당을 나와 뒤쪽으로 발길을 옮기면 특별한 장소를 만나게 된다. 이 성당에 몸을 담았거나 강원 지역에서 희생된 내외국인 성직자 유해 16구를 모신 성직자 묘역이다. 묘의 주인공들은 대부분 한국전쟁 때 북한으로 끌려가다 순교한 신부들이다. 죽림동성당의 프란치스코 보좌 신부와 라바드리시오 신부, 고안당 신부, 진 야고보 신부의 이름이 눈에 띈다. 외국인 신부들 틈에 나란히 누운 한국인 이광재 신부는 원산까지 끌려가 어느 방공호에서 선종했다고 한다. 주임 신부 시절 성당 건축의 기초를 닦고 인민군에게 납치되었다가 유일하게 생환하여 나중에 춘천교구장을 맡은 퀸란 주교의 묘지도 이곳에 있다.

죽림동성당은 1999년 성당의 구조와 형태는
그대로 보존하면서 제대와 내부 성물을 새롭게 꾸몄다.
이렇게 하여 전례 거행에도 합당하고
예술적으로도 아름다운 성당으로 다시 태어났다.

춘천교구는 해마다 11월 첫 주간을 '위령의 달'로 정하고 사제들의 넋을 기리는 '죽음의 행진' 행사를 갖는다. '위령의 달' 행사에는 춘천 지역 사제와 신도들이 모두 모인다.

한 남자의 절실한 믿음
춘천에서 꽃을 피우다

죽림동성당은 엄주언 마르티노 말딩, 1872~1955의 밀알 같은 헌신을 바탕으로 성장하였다. 엄주언은 1872년 12월 10일 춘천시 동면 장학리 노루목에서 태어났다. 열아홉 살 되던 해인 1891년 우연히 <천주실의>와 <주교요지>를 읽고 감명을 받아 구도에 나서기로 결심하였다. 2년 후인 1893년 늦가을 그는 온 식구를 데리고 우리나라 천주교의 발상지인 경기도 광주 천진암으로 갔다. 움막을 짓고 지내며 교리를 배워 이듬해에 형과 함께 프랑스 신부에게 세례를 받았다. 1896년 나머지 가족도 모두 영세 받은 후 전교 사명을 품고 고향으로 돌아왔다.

세상은 그러나 엄주언 일가를 외면했다. 그와 가족들은 천주학쟁이로 냉대를 받으며 고향에서 쫓겨났다. 외가의 도움으로 폐가를 사서 춘천시 동내면 고은리 윗너브랭이라는 곳에 겨우 정착하였다. 엄주언 일가는 맨손으로 어렵사리 화전을 일구어 가며 묵묵히 살았다. 주경야독을 하며 근검하게 사는 그의 모습에 사람들이 차츰 감동하여 가르침을 청하기 시작했다. 나중에는 춘천·화천·양구의 공소를 순방하는 신부가 해마다 40~50명씩 세례를 줄 정도로 성장하였다. 교우들은 엄 회장 지도 아래 자원 봉사와 모범적 신앙 생활에 전념하였다. 교우 수가 무려 300명에 이르자 본당 설립과 상주 사제의 필요성을 느꼈다. 엄 회장이 풍수원과 서울 명동을 수년간 거듭 방문하면서 상주 사제 파견을 간청하여 1920년 9월 마침내 김유룡 필립보 초대 주임 신부가 부임하면서 곰실본당이 설립되었다. 활기 넘치는 곰실 공동체는 춘천 시내로 진출하기 위해 교우 전원이 애련회 愛煉會 에 가입하여 가마니 짜기, 새끼 꼬기, 짚신 삼기 등으로 푼푼이 돈을 모았다. 여기에 엄 회장

이 논을 판 자금을 보태 춘천 약사리藥師里 고개에 있던 당시 김영식의 대지와 집을 구입하였다. 집을 개조하여 본당을 옮기고 1928년 5월부터 성당으로 사용하였다. 곰실본당은 이때 춘천본당으로 바뀌었다가 1950년에 다시 죽림동본당으로 개명하였다. 춘천교구는 1999년 이곳에 지하 2층, 지상 6층 규모로 가톨릭회관을 짓고, 80여 년 전 성당 터를 마련하여 주교좌성당의 기초를 놓은 엄주언 마르티노 회장의 공적을 기리기 위해 그의 세례명을 따 말딩회관이라 이름 지었다. 말딩회관은 춘천 천주교의 터를 닦은 신자에게 바치는 감사의 헌사였다.

©나미나라공화국

남이섬

남이섬은 원래 육지였으나 1944년 청평댐을 조성할 때 북한강 강물이 차서 섬이 되었다. 2001년 12월 KBS 드라마 <겨울 연가>의 촬영지로 유명해지면서 일본, 중국 등 아시아권 관광객이 급증하였다. 서울 인사동과 잠실역에서 직행 셔틀버스가 있으며 남이섬까지는 60~90분 가량 걸린다. 경춘선이나 ITX-청춘열차로 가평역에서 하차하여 갈 수도 있다. 남이섬 선착장에서 배를 타고 5분 가량 가면 닿을 수 있다. 섬 안에 남이장군묘와 산책길, 자전거길, 음식점과 카페, 공연장, 전시실, 숙박시설이 있다.
주소 경기도 가평군 가평읍 북한강변로 1024 전화 031-580-8114

김유정문학촌

<봄봄>, <동백꽃>, <노다지>, <소낙비> 등 토속성 짙은 리얼리즘 소설로 잘 알려진 김유정 1908~1937 을 기리는 문학촌이다. 강원도 춘천시 신동면 증리 실레마을 에 있다. 김유정은 서울에서 태어나 청소년기 대부분을 서울에서 보냈으나, 실레마을은 그의 집안이 대대로 터를 잡고 살아온 곳이다. 그는 24세 때 첫 소설을 발표하기 시작해서 서른에 폐결핵으로 죽기 전까지 작품 30편을 남겼다. 이 가운데 12편의 공간적 배경이 실레마을이다. 문학촌 전시관에서 그의 작품들을 만날 수 있다. 이밖에 생가, 연못, 작은 정자, 동상 등이 있다. 근처에 경춘선 간이역인 '김유정역'이 옛 모습 그대로 보존되고 있다. 김유정역은 강촌까지 가는 레일바이크의 출발 역이기도 하다. 주소 강원도 춘천시 신동면 실레길 25 전화 033-261-4650

제이드 가든

숲 속에 꾸며놓은 유럽형 수목원이다. 국내외 유용 식물 자원을 수집하여 테마 정원을 꾸몄다. 보유 식물은 3,904종이다. 몇 개의 산책길과 영국식 가든, 이탈리안 가든, 웨딩 가든, 목련원 등을 관람할 수 있다. 수목원 안에 음식점과 기념품 가게, 유럽식 건물도 있다. 주소 강원도 춘천시 남산면 햇골길 80 전화 033-260-8300

또 다른 여행지 공지천유원지, 강촌유원지, 강촌레일바이크, 구곡폭포, 삼악산, 자라섬

맛집 RESTAURANT

남부막국수 막국수, 메밀전병

춘천에서 손꼽히는 막국수 전문점이다. 죽림동성당에서 도보로 600미터 거리에 있다. 주요 메뉴는 막국수이며, 빈대떡, 메밀전병, 편육도 판매한다. 비빔막국수의 표준이라고 평가하는 사람도 있다. 전통적인 맛에 비해

깔끔하고 담백하나 조금 단맛이 난다. 주소 강원도 춘천시 춘천로81길 16 전화 033-254-7859 예산 1만원 내외

원조숯불닭불고기 닭갈비
중앙시장 건너편에 있다. 평일 저녁 늦은 시간에도 붐비는 집이다. 둥그런 철제 식탁에서 양념에 재인 닭고기를 숯불에 구워 먹는다. 고기를 맛있게 먹으려면 타지 않게 자주 뒤집어주어야 한다. 양념이 닭살 깊이까지 잘 들어가 있어 부드러우면서도 맛이 좋다.
주소 강원도 춘천시 낙원길 28-4 전화 033-257-5326 예산 1만5천원 이내

우성닭갈비 직영점 닭갈비
토박이들이 추천하는 집으로 춘천에만 분점이 세 개다. 음식을 주문하면 손님 테이블에서 닭갈비를 직접 볶아준다. 야채도 푸짐하게 넣고 양념한 닭고기와 소스를 섞어 맛있게 만들어주는데 볶는 솜씨 또한 일품이다. 닭갈비를 먹은 후 밥을 주문하면 프라이팬을 깨끗이 긁어낸 후 직접 볶아준다.
주소 강원도 춘천시 후만로 81 전화 033-254-0053 예산 1만5천원 이내

또 다른 맛집 대원당빵집, 우성닭갈비 본점, 별당막국수, 부안막국수, 명물닭갈비

카페 CAFE _____

이디오피아의 집
우리나라에서 가장 오래된 원두 커피 전문점이다. 70~80년대에는 젊은 이들이 이디오피아의 집 커피를 마시기 위해 경춘선 열차를 탔을 정도다. 1968년 춘천을 방문한 이디오피아 황제의 제안으로 만들었으며, 황제가 직접 '이디오피아 벳집'이란 이름을 지어주고, 황실 원두도 공급해주었으며, 황실 문장까지 보내주었다. 춘천에서 아프리카 문화를 느낄수 있는 거의 유일한 카페이다.
주소 강원도 춘천시 이디오피아길 7 전화 033-252-6972

커피첼리
디자인이 세련되고 깔끔하다. 좌석이 몇 개 되지 않지만 실내가 밝고 편안한 느낌이다. 한쪽 벽을 직접 수집한 유명 커피 잔으로 장식해놓았다. 잔잔한 향을 가진 더치 커피를 직접 구운 쿠키와 함께 선보인다. 커피 한 잔으로 맑은 마음을 얻을 수 있는 분위기이다.
주소 강원도 춘천시 아침길 10 전화 033-252-5953

춘천 소양로성당

사랑을 위해 건축 형식을 파괴하다

파격의 아름다움_등록문화재 161호
주소 강원도 춘천시 모수물길22번길 26
전화 033-255-2117
대중교통 춘천역에서 택시 이용

오늘 일기예보는 전국이 '비'다. 예보는 적중하여 아침부터 부슬부슬 비가 내린다. 망설
이다가 떠나기로 하였다. 한 시간 남짓 달려 춘천에 도착하였다. 70여 년 전, 아일랜드 성
골롬반외방선교회 1918년 6월 29일 아일랜드 밖 선교에 집중한 성 골롬반의 정신을 받들기 위해 설립되었
다. 1920년부터 중국을 중심으로 아시아 선교를 시작하였다. 1933년 전라도 광주에 선교사 10명을 파견하면서
한국 선교를 시작하였다 소속 사제의 보고서에 따르면 "춘천은 정말 아름다운 지역인데 서울
에서 서너 시간 밖에 걸리지 않는다."고 하였다. 조금 과장해서 말하면 과거에 비해 이제
춘천은 옆집이나 마찬가지다.

강원도를 갈 때마다 느끼는 것이지만, 산등성이가 겹치며 만들어 내는 회화 같은 풍경과
계곡과 강의 아름다움에 감탄이 저절로 나온다. 게다가 춘천은 호수와 소도시 특유의 감
성까지 품고 있어서 마음이 절로 편안해진다. 이 도시의 역사 한 페이지에 슬프지만 감동
적인 가톨릭 역사가 숨어 있다.

봉의산 자락에 있는 소양로성당은 춘천에서 두 번째로 오래된 본당이다. 1950년 한국전
쟁 직후 인민군 총에 순교한 피터 안토니오 콜리어 1913~1950 신부의 숭고한 뜻을 기리기

위해 설립되었다. 성당 건물은 1956년 9월 신축하였다. 언덕을 올라 대문으로 들어서자 독특하게 생긴 성당 건물이 눈길을 끈다. 소양로성당의 가장 큰 매력은 건축적 일탈이다. 성당 평면은 대부분 세로가 긴 장방형이거나 십자가 모양이다. 소양로성당은 그러나 전형적인 성당 형식에서 멀찍이 벗어나 있다. 성당 구조는 독특하게도 반원형이다. 15~16세기 르네상스 건축물은 신플라톤주의의 영향으로 방사성 구조 특징을 갖게 되는데, 오늘 춘천에서 르네상스 건축 특징을 만나게 될 줄이야!

파격이 주는 통쾌함
그 다음에 오는 감동

계단을 오르면 둥근 성당이 얼굴을 내민다. 그 모습이 신기하여 호기심 어린 눈빛으로 이곳저곳을 살피게 된다. 그러다가 대개는 뒤쪽으로 발길을 옮기게 되는데 산비탈에 바투 앉은 뒤태가 자못 놀랍다. 양파를 반으로 자른 것처럼 뒷모습이 정확히 평면을 이루고 있다. 앞뒤를 살피고 나면 성당 건축이 이래도 되는가 싶어 쉽게 받아들여지지 않지만 그러다가 어느 순간 파격적인 건축이 통쾌하기도 하고, 그러다가 조금 시간이 흐르면 은근히 내부 공간이 궁금해진다.

성당 출입문은 화려하지도 장식적이지도 않다. 장식이 단순한 나무문을 열고 들어가면 일반 가정집 같은 현관이 나오고 그 안이 성당 내부다. 실내는 중앙 제단을 중심으로 신자석을 부채꼴로 배치하였다. 마치 무대를 향해 둥글게 만든 객석을 보는 것 같다. 외부 모양과 신자석을 방사성 구조로 설계한 이유가 있다. 소양로성당의 디자인 키워드는 '인간 중심'이다. 모든 신자가 사제와 동일한 거리에서 미사를 보게 하려는 뜻에서 처음부터 방사성 구조로 디자인을 하였다. '신과 하나가 되려는 인간 영혼의 본질을 표현하기 위하여' 전통적인 성당 건축 형식인 '선형 구조'를 버린 것이다. 파격이 다 좋은 것은 아니다. 하지만 그 안에 꿈과 가치를 담을 때 파격은 전통의 답습보다 더 큰 울림을 준다. 소양로성

소양로성당은 독특하게도 모양이 반원형이다.
지은 지 60년을 헤아리는 성당으로서는 놀랍도록 파격적이다.

당이 이 사실을 조용히 말해주고 있다.

건축 구조가 다르기에 제대부 모양도 기존 성당과 다르다. 성당 제대부는 대개 뒤로 쑤욱 들어간 원형을 이루지만 이곳은 평면형이다. 제대부 뒤편엔 아치형 스테인드글라스 6개가 실내를 아름답게 비춘다. 창은 아치형으로 고전미를 살렸으나, 실내 공간은 특별한 장식을 하지 않아 단순하고 간결하다. 장식을 최대한 절제한 단순미가 돋보인다. 제대부 벽 중앙엔 예수십자가상이 걸려 있다. 둥그런 오색 스테인드글라스가 예수상을 은은하게 비추고 있다. 소양로성당은 예수의 성심 사랑을 받들고 있다. 그러기에 실내에도 지붕 위에도, 예수 가슴에 심장을 조각해 넣은 성심상을 모시고 있다. 벽 아랫단은 골롬반외방선교회가 시작된 아일랜드를 상징하는 초록색 줄로 마무리하였다. 이 아름다운 빛의 공간에서 콜리어 신부가 선교 꿈을 오래 펼쳤더라면 얼마나 좋았을까? 생각할수록 마음이 아리다.

아일랜드에서 온 콜리어 신부 복사 청년 살리고 순교하다

성당 아래로 넓은 계단이 있다. 옛날 사진을 보니 지금과 달리 좁은 돌계단이다. 그 모습이 더 운치가 있어 보인다. 계단을 내려가면 마당이다. 이 마당은 한국전쟁 시절 춘천 시민들의 힘겨웠던 생활고와 상처를 기억하고 있다. 춘천은 38선 바로 아래에 있어서 가옥 90% 이상이 피해를 입을 정도로 전쟁의 상처가 컸다. 당시 소양로성당은 서울에서 내려오는 구호 물자를 강원도의 다른 지역으로 분배하는 중간 기착지였다. 또 마당에 솥을 걸고 옥수수 죽을 쑤어 난민들에게 나누어 주기도 하였다. 죽 한 그릇을 얻기 위해 성당으로 밀려드는 난민들의 남루하고 풀기 없는 행색이 자꾸 눈앞을 스친다. 그 시절의 남루함은 비단 춘천만의 일은 아니었다. 초등학교 저학년 즈음이었다. 학교에 가면 선생님이 커다란 통에서 가루 우유를 한 통씩 꺼내 나누어 주었다. 아이들은 그걸 집으로 가지고가 양은 도시락 통에 넣고 우유 과자를 만들어 먹었는데, 딱딱하기가 지금의 어떤 과자와도 비교하기 어렵다. 지금도 우리 또래는 '우유 과자' 하면 아련한 추억을 미소로 떠올리곤 한다.

성모상을 뒤로하고 계단을 다시 오르자 정원 나무 아래에 표지석이 서 있다. 고 안토니오 콜리어 신부를 기리는 '살신성인 기념성당' 표지석이다. 피터 안토니오 콜리어 신부는 아일랜드 성골롬반외방선교회 소속으로 순교 당시 39세였다. 한국에 온지 11년째, 소양로성당에 1대 주임 신부로 부임한지 6개월 만에 한국전쟁이 일어났다. 그리고 며칠 후 죽음의 그림자가 그를 덮쳤다.

콜리어 신부는 김 가브리엘이라는 청년을 살리기 위해 순교하였다. 전후 사정은 이렇다. 신부는 한국전쟁 발발 다음 날 성당을 지키다가 복사로 있던 김 가브리엘 청년과 같이 인민군에게 붙잡혔다. 끌려가면서 신부는 "가브리엘 자네는 처자식이 있으니 꼭 살아야 해. 저들이 총을 쏘기 시작하면 빨리 쓰러지게. 그러면 내가 쓰러지면서 자네를 덮치겠네."라고 말했다. 실제로 신부는 총을 맞고 쓰러지면서 그를 끌어안았다. 가브리엘 청년은 어깨와 목에 총상을 입었으나 신부의 살신성인 덕에 목숨을 건졌다. 김 가브리엘을 만나 그때 이야기를 자세히 듣고 싶었으나, 그는 속초에서 살다가 1980년대 말에 사망했다고 한다. 안토니오 신부 사망 6년 후 제3대 주임으로 온 제임스 버클리 신부가 순교 기념 성당을 지으려고 모금을 하였다. 당시 콜리어 신부의 부모는 놀랍게도 신부의 유산 전부를 보내왔다. 콜리어 신부와 그 부모의 헌신에 머리가 숙여진다. 콜리어 신부 묘지는 춘천 죽림동성당 후원에 있다. 조선 후기 천주교인들은 박해를 피해 강원도 산골로 들어와 몸을 숨겼다. 그들은, 그리고 그들의 후손은 신앙 공동체를 이루며 오랫동안 옹기장이로 살았다. 소양로성당은 이들의 신앙을 주춧돌로 삼고 있는 믿음 공동체이다. 그리고 콜리어 신부의 순교 정신을 이어가고 있는 사랑의 성당이다. 반원형 성당은 이 모든 사람의 믿음과 사랑을 뜨겁게 품고 있다. 지금은 사용하지 않는 우물 외벽에 개망초가 흰색 꽃망울을 터트리고 있다. 마치 이 성당을 지킨 안토니오 신부와 수많은 무명 신자들의 숭고함을 드러내듯이.

주변 여행지 TOURISTIC SITE

오봉산 청평사

춘천 오봉산 자락에 있는 고려 때 사찰이다. 973년 고려 광종 24 에 백암선원으로 창건되어 1000년을 넘게 이어
오고 있다. 자동차를 이용해 갈 수도 있고, 소양강댐에서 유람선을 타고 갈 수도 있으나 낭만이 넘치는 유람선
코스를 권한다. 선착장에서 절까지 이어진 2킬로미터 남짓한 숲길이 아름다워 산책의 즐거움을 만끽할 수 있
다. 청평사 계곡과 구성폭포, 당태종의 딸 평양공주의 설화를 품은 공주탑, 고려시대 정원 흔적을 엿볼 수 있는
영지 등을 지나면 청평사에 이른다. 고려 때의 학자 이자현과 나옹화상, <금오신화>의 작가 김시습이 한때 이
절에 머물렀다. 주소 강원도 춘천시 북산면 오봉산길 810 전화 033-244-1095

소양호와 소양강댐

소양호는 우리나라에서 가장 큰 인공호수다. 소양강댐은 1973년 수력
발전과 농업·공업·생활용 물을 확보하기 위해 진흙과 모래흙, 바위로
쌓은 사력댐이다. 댐 정상 길을 걸어서 팔각정 전망대까지 2.5킬로미터
를 왕복하며 산책할 수 있다. 유람선 선착장에서 소양호를 둘러보거나
청평사까지 왕복하는 유람선을 탈 수도 있다. 유람선에서 바라보는 호
수 풍경이 무척 아름답다. 아이와 함께 간다면 소양강댐물문화관을 둘러보기를 권한다. 물의 쓰임새와 가치를 배
울 수 있다. 주소 강원도 춘천시 신북읍 신샘밭로 1128 전화 033-259-7334

구봉산 전망대

춘천 북동쪽에 있다. 손꼽히는 드라이브 코스로 춘천 시내는 물론 북한강과 의암호, 그 건너 남으로 내달리
는 힘찬 산맥을 한눈에 담을 수 있다. 주변에 카페 거리가 조성되어 있어서 산책이나 데이트 삼아 많은 사람
들이 찾는다. 특히 춘천 야경 관람의 명소이다. 전망대는 24시간 개방된다. 주소 강원도 춘천시 동면 순환대로
1154-115 전화 033-250-3089

또 다른 여행지 강원도립화목원, 춘천막국수체험박물관, 애니메이션박물관

맛집 RESTAURANT

통나무집닭갈비 닭갈비, 닭내장, 막국수

춘천에서 소양강댐 가는 길에 있다. 당일 사용할 닭과 야
채를 매일 아침 준비한다. 카페처럼 깔끔하고 규모도 무
척 크지만 점심시간에는 줄서서 기다릴 때도 많다. 2013
년 전국 1000대 맛집으로 선정되었다. 양배추, 고구마,
깻잎, 파, 떡볶이 떡과 잘게 저민 닭고기를 커다란 철판
에 놓고 볶는데 맛이 매콤하고 고소하다. 닭갈비를 먹
은 후 밥을 넣어 볶거나 막국수를 곁들여 먹으면 포만
감이 그만이다.

주소 강원도 춘천시 신북읍 신샘밭로 763
전화 033-241-5999 예산 1만원~1만5천원

실비막국수 막국수, 빈대떡, 편육

50년 역사를 자랑하는 식당으로 춘천의 3대 막국수 전문
점으로 꼽힌다. 소양로 한신아파트 단지 옆 골목길에 있
다. 유명한데다 규모도 크지 않아 평일 식사 시간과 주말
에는 차례를 기다려야 한다. 주문을 받으면 그때그때 홀
한쪽에 설치한 기계에서 막국수를 빼낸다. 주요 메뉴는
막국수, 빈대떡, 편육이다. 막국수는 성질이 차갑기 때문
에 속을 덥히라고 뜨거운 육수를 내온다. 전화로 주문하
면 마른 막국수를 전국 어디서든 받을 수 있다. 2014년

강원무형문화대제전에서 춘천 막국수 1호점이자 '대를 잇는 춘천 막국수집'으로 선정되었다.

주소 강원도 춘천시 소양고개길 25 전화 033-254-2472 예산 6천원~1만2천원

유포리막국수 막국수, 편육, 감자부침, 촌두부

춘천에서 손꼽히는 막국수 전문점이다. 춘천에서 소양강댐으로 가다가 왼쪽으로 조금 들어가면 나온다. 대를
이어 40년 넘게 막국수 식당을 운영하고 있다. 양도 많고 동치미 국물에 말아 나오는 국수 맛이 좋아 많은 사
람들이 춘천 3대 막국수 전문점으로 꼽는다. 청춘열차 개통 이후 손님이 더 늘어서 순서를 기다려야 할 때가
많다. 메뉴는 막국수, 편육, 감자부침, 녹두부침, 촌두부가 있다. 2014년 춘천시장에게 받은 공로패를 자랑처럼
걸어놓았다. 주소 강원도 춘천시 신북읍 맥국2길 123 전화 033-242-5168 예산 1만원

또 다른 맛집 샘밭막국수, 봉운장, 다윤네집, 명가막국수

횡성 풍수원성당
오래된 성당이 들려주는 옛 이야기

강원도의 첫 번째 성당_강원도 유형문화재 69호
주소 강원도 횡성군 서원면 경강로 유현1길 30
전화 033-342-0035
대중교통 만세공원에서 60, 61번 승차 후 풍수원 정류장에서 하차(45분)

횡성의 옛 이름은 횡천이다. 한반도의 강 대부분은 종으로 흐르는데 이곳에서는 동서로, 즉 횡으로 흘러서 붙여진 이름이다. 이웃한 고을 홍천과 '음'이 비슷하여 조선시대에 횡성 橫城으로 바꾸었다. 이 고을에 강원도에서 가장 오래된 풍수원성당이 있다. 조선시대만 해도 이곳은 깊은 산골이었다. 풍수원성당은 조선시대 관리들의 숙소 '풍수원'豊水院이 있던 곳이라 붙여진 이름이다. 구름이 산허리에 걸렸다. 메가 높으니 구름도 산을 넘기에 힘이 부친 모양이다. 소나기가 지나가자 운무가 피어오른다. 산골 풍경이 한 폭의 동양화 같다. 산 속에서 절이 아니라 첨탑을 이고 있는 붉은 성당을 보니 이채롭고 신기하다. 이끼 낀 벽돌에서 세월의 냄새가 묻어난다. 고색창연한 성당을 바라보며 한편의 시를 떠올렸다.

> 저게 저절로 붉어질 리는 없다/저 안에 태풍 몇 개/저 안에 천둥 몇 개/저 안에
> 벼락 몇 개/저게 저 혼자서 둥글어질 리는 없다/저 안에 무서리 내리는 몇 밤/저
> 안에 땡볕 두어 달/저 안에 초승달 몇 날 _장석주의 <대추 한 알>

한국 최초의 신앙 공동체
풍수원성당으로 꽃을 피우다

대추 한 알도 이러할진대 풍수원성당이 저절로 생겼을 리 만무하다. 풍상을 견디며 200년 세월을 그 안에 묻었다. 1801년 신유박해가 일어났다. 경기도 용인에 살던 신태보는 신자 40여 명과 8일 동안 헤매다 이곳에 정착하였다. 그들은 화전을 일구고 옹기를 구우며 우리나라 최초로 신앙촌을 일궜다. 그들을 지켜준 것은 신앙심이 유일했다. 이렇게 모인 사람들이 성직자도 없이 80여 년이나 믿음을 지켰다. 신태보는 훗날 상주 잣골에서 은둔 생활하며 교회 재건 운동을 벌였다. 천주교 서적을 필사하여 나누어 주다가 관헌에게 붙잡혀 전주 감옥에 갇히기도 했다. 그는 옥중수기에 "내 다리는 살이 헤어져서 뼈가 드러나 보였으며, 앉지도 밥을 먹을 수도 없었다. 상처는 곪아서 악취를 풍겼고 방은 이와 벌레투성이라서 아무도 근접할 용기를 내지 못하였다." 고 적고 있다. 풍수원성당은 그들이 남긴 고단한 삶의 이야기를 그대로 간직하고 있다.

풍수원성당은 1888년 프랑스 출신 르메르1858~1928 신부가 부임하면서 정식 교회로 출발하였다. 처음엔 한옥 성당이었으나 1907년 제2대 주임 정규하1863~1943 신부의 설계도를 바탕으로 중국인 기술자 진 베드로와 신자들이 힘을 합해 지금의 성당을 지었다. 신자들은 밤낮을 가리지 않고 목재, 백회를 조달했다. 벽돌은 신자들이 직접 구웠다. 농한기 때는 식량을 지고 와서 먹고 자며 힘을 보탰다. 이렇게 완공한 성소가 풍수원성당이다. 현존하는 성당 중에서 약현, 명동성당에 이어 세 번째로 오래된 성당이다. 훗날 원주, 홍천성당이 이곳에서 분가하였다. 풍수원성당은 약현성당과 흡사하다. 약현성당이 한국 성당의 모델이라는 말이 실감난다. 차이가 있다면 약현성당이 3층 위에 첨탑을 세웠는데 이곳은 4층 위에 올렸다. 약현성당보다 천장이 높고 조금 더 고딕적이라는 점도 차이라면 차이다. 벽돌과 벽돌 사이에는 백회를 써서 이음새를 처리하였다. 주요 건축 재료는 적벽돌이지만 돌출된 버팀벽buttress과 창문, 그리고 출입구 테두리는 회색 벽돌로 마무리했다. 적벽돌과 회색 벽돌의 조화가 단아하면서도 세련된 느낌을 준다. 장중함과 신비로움을 강조하

기 위해 푸른 벽돌로 지으려고 했지만 굽는 과정에서 제 색이 나지 않아 포기했다고 한다.

무엇이 저리 간절할까? 남녀 한 쌍이 고개를 숙인 채 기도하고 있다. 조심조심 자리에 앉았다. 젊은 연인을 보며 10여 년 전 탤런트 수애가 주인공으로 출연한 <러브레터>를 떠올렸다. 혹시 청춘 남녀는 드라마의 무대가 되었던 성당에서 사랑의 언약을 하는 게 아닐까? 둘의 사랑이 풍수원성당처럼 오래도록 이어지길 기원하며 손을 모은다. 한여름인데도 실내는 제법 시원하다. 한겨울엔 어떨까? 함박눈이 펑펑 쏟아지는 모습을 상상해본다. 한걸음 옮기기도 힘들 만큼 많은 눈이 쌓여도 사랑하는 이와 함께라면 며칠쯤 눈에 갇혀 지내도 좋을 것 같다. 하얀 눈이 소복이 쌓이는 날 다시 찾고 싶다. 눈처럼 순수하고 아름다운 글 한 편 얻으면 그것으로 족하리라.

제대 앞에 요즘은 흔히 볼 수 없는 영성체 틀이 있다. 지금은 서서 손으로 성체를 받지만 예전엔 영성체 틀 앞에 꿇고 앉아 입으로 성체를 받아 모셨다. 실내를 삼랑으로 나누는 2열 기둥은 얼핏 보기엔 벽돌 같지만 자세히 보니 나무기둥이다. 천장 버팀벽과 같은 회색 벽돌 모양을 정교하게 그려 넣었다. 신랑과 측랑 천장은 모두 원형 아치인데, 물결치듯 반복되는 곡선미가 무척 아름답다. 성당 한쪽에 추억 같은 풍금이 있다. 그 모습이 소박한 옛 동무처럼 정겹다. 성당 뒤쪽으로 가면 붉은 벽돌로 지은 단정한 건물이 보인다. 옛 사제관이다. 얼핏 보면 장식을 배제한 단순한 건물 같지만 처마 밑 벽돌 장식이 예사롭지 않다. 현관과 창문 주변을 꾸민 벽돌도 아기자기하고 예쁘다. 1912년이 지은 이 건물은 지금은 유물전시관으로 사용하고 있다. 성당 설립 초창기에 사용하던 성수 그릇, 묵주, 십자가, 사제복, 성유함, 성경 필사본 등을 전시하고 있다. 근대문화유산 등록문화재 163호이다. 사제관 앞에 서면 멋지게 뻗은 소나무 가지 사이로 세월의 향기를 듬뿍 품은 성당이 그림처럼 다가온다.

성당 옆으로 난 언덕길을 오르면 예수성심상이 보인다. 여기에서 성당을 바라보면 측면이 보이는데 중세의 유럽 성당처럼 고즈넉하고 바람의 냄새까지 다르게 느껴진다. 예수성심상에서 발길을 돌린다면 풍수원성당의 매력을 반만 보는 거나 마찬가지다. 14처 기도의 길과 묵주 동산을 거쳐 성직자 묘역에 이르는 길은 성당과 다른, 하지만 그에 뒤지지 않는 매력을 보여준다. 숲길은 더없이 아늑하다. 분심과 신심의 교차를 느끼며 산소 같은 숲길을 오르면 이윽고 묵주 동산이다. 통나무로 만든 십자고상과 제대가 있고 그 옆에 성모상이 서 있다. 손을 모으고 성모송과 주기도문, 영광송을 외운다. '로사리오'라 불리는 묵주기도는 성모에게 장미꽃 Rosa 을 바치며 기도한데서 유래한다. 고요함이 가득한 숲에서 새소리도 오늘은 기도처럼 들린다. 유유자적하며 사색의 시간을 갖는다. 숲의 향기를 실은 바람이 상큼하다. 이렇게 숲길을 거닐다 보면 솟아오르는 욕심도 천천히 가라앉으리라. 그리고 언젠가는 흔들리지 않는 영혼을 갖게 되리라. 풍수원성당을 지키는 저 느티나무 고목처럼.

주변 여행지 TOURISTIC SITE

청태산자연휴양림

청태산은 태조 이성계가 관동지방을 가다 아름다운 산세에 반하고 큰 바위에 놀라 '청태산 靑太山'이란 휘호를 내린 명산이다. 해발 1,200 미터에 이르는 청태산은 천연림과 인공림이 울창한 숲을 이루고 있다. 청태산자연휴양림은 다양한 야생 동식물이 고루 서식하고 있어서 마치 자연박물관을 찾은 기분이 든다. 울창한 잣나무 숲속에 있는 산림욕장이 매력적이다. 등산로, 숲 체험 길, 자연관찰로, 데크로드, 통나무집, 캠핑장 등이 잘 갖추어져 있다. 영동고속도로와 가까이 있어서 평창, 강릉 등 강원도 여행과 연계하여 찾기에 안성맞춤이다.

주소 강원도 횡성군 둔내면 청태산로 610
전화 033-343-9707

숲체원

청태산 자락에 있다. 자작나무 숲과 잣나무 숲길이 아름다운 웰빙 휴양지이다. 숲 체험 전문 교육 시설과 연수 시설, 숙소도 잘 갖추고 있다. 장애인과 노약자를 위하여 잣나무 숲에 8백미터에 이르는 데크로드를 설치하였다. 숲과 자연을 보호하기 위해 방문 및 답사 시 사전 예약을 받는다. 방문 일을 기준으로 최소 일주일 전 예약을 해야 하며, 일일 방문객도 50명으로 제한하고 있다.

주소 강원도 횡성군 둔내면 청태산로 777
전화 033-340-6300

미술관자작나무숲

자작나무 숲이 아름다운 개인 미술관이다. 전시, 교육 프로그램으로 작가와 관람객이 즐겁게 소통하는 공간이다. 1991년 원종호 관장이 '인생을 내 의도대로 살기 위해, 인생의 본질을 마주하기 위해' 1만여 평의 대지에 자작나무를 심으면서 시작되었다. 제1전시장은 화가들의 미술 작품을, 제2전시장은 원종호 관장의 사진을 전시하고 있다. 대부분 횡성, 원주 일대의 산을 앵글에 담은 사진들이다. 입장료에 음료와 커피 값이 포함되어 있다. 게스트하우스도 함께 운영한다. 주소 강원도 횡성군 우천면 안우로 두곡5길 186 전화 033-342-6833

또 다른 여행지 횡성온천, 횡성스포랜드, 웰리힐리파크, 횡성민속장, 안흥찐빵마을, 뮤지엄 산

맛집 RESTAURANT

박현자네더덕밥 더덕불고기, 더덕찜, 더덕정식, 더덕구이

직접 농사를 지은 더덕과 신선한 야채를 이용하여 요리를 만든다. 매스컴에 소개된 맛집으로 더덕불고기, 더덕정식, 더덕구이 등 다양한 메뉴가 있어 기호에 맞게 먹을 수 있다. 더덕정식에는 더덕샐러드, 더덕 짱아찌, 잡채를 비롯해 제철 야채를 이용하여 만든 밑반찬이 정갈하게 나온다. 감자떡과 국수 같은 별식이 본 메뉴 전에 나와 입맛을 돋우기에 좋다. 후식으로 나오는 더덕식혜 맛도 색다르다. 지하에 더덕 판매장이 있다.
주소 강원도 횡성군 횡성로 59 전화 033-344-1116
예산 1~2만원

소잡는날 한우등심, 한우갈비

풍수원 사거리에 있다. 한우정 영농조합이 운영하는 한우 전문 맛집이다. 육즙이 풍부하여 감칠맛이 나는 한우 고기를 맛볼 수 있다. 정갈한 밑반찬이 한우의 맛을 더해준다. 고기와 함께 나오는 생간은 눈과 피로 회복에 좋다. 라운딩을 마치고 온 골퍼들이 많이 찾는 곳으로 유명하며, 유명 인사들의 사인이 걸려 있어 이곳의 인기를 짐작하게 해준다.
주소 강원도 횡성군 서원면 서원서로 854 전화 033-344-2701
예산 2~3만원

또 다른 맛집 횡성축협한우프라자본점, 삼군리메밀촌, 장가네막국수, 운동장해장국, 심순녀안흥찐빵, 큰터 손두부

원주 용소막성당
100년의 시간을 품은 산골 성당

아담하고 간결하다_강원도 유형문화재 106호
주소 강원도 원주시 신림면 구학산로 1857
전화 033-763-2343
대중교통 신림면사무소에서 21번 승차 후 용암리 정류장에서 하차(14분)

온통 진초록 세상이다. 신성한 숲이라는 이름을 가진 원주시 신림면은 치악산과 백운산 사이에 위치해 있다. 산봉우리가 6월의 햇살 아래 넘실넘실 파도친다. 원주 신림 톨게이트를 빠져나와 배론성지 쪽으로 가다보면 붉은 용소막성당과 뾰족한 종탑이 모습을 드러낸다. 산과 계곡, 마을과 들판이 성당과 어우러져 한 폭의 그림을 연출한다. 야트막한 뒷동산을 배경으로 느티나무에 둘러싸인 성당은 처음 찾는 이들에게도 낯설지 않을 만큼 포근함과 친근감을 느끼게 해준다.

용소막성당은 강원도에서 풍수원성당과 원주 원동성당에 이어 세 번째로 오래된 성당이다. 본당 공동체 역사는 병인박해 1866 까지 거슬러 올라간다. 흥선대원군은 "천주교도들 때문에 오랑캐들이 프랑스함대 여기 양화진 까지 와서 우리 강물을 더럽혔기 때문에 그들의 피로 이 더러움을 씻어야 한다."며 신자들의 이름 외에는 기록도 남지 않을 만큼 잔인하고 무자비한 박해를 가했다. 교인들은 박해를 피해 고향 산천을 등진 채, 산 넘고 물 건너 산간 오지에 몸을 숨겨야 했다. 이곳 역시 수원 지방에서 피난 온 몇몇 신자 가족이 용소막을 중심으로 신앙생활을 하게 되면서 자연스레 교우촌이 형성되었다. 중앙고속도로가 뚫린 지금도 외지고 한적한 시골인데, 그 당시에는 얼마나 구석진 골짜기였을지 짐작이 간다.

고딕 양식을 변형시킨 작고 소박한 벽돌 성당

용소막성당은 1898년 초가 10칸짜리 원주본당 공소로 출발했다가 1904년 독립하였다. 초대 프와요 신부가 부임하여 본당의 기틀을 마련했고, 2대 주임 기요 신부가 1913년 새 양옥성당 건립 계획을 세웠다. 건축 준비를 하다가 전임되자, 3대 주임 시잘레 신부가 이어받아 1915년 가을 벽돌 성당을 완공하였다. 1943년에는 일본군에 의해 성당의 종이 공출되기도 하고, 한국전쟁 때는 북한군이 식량 창고로 사용하는 등 아픔과 수난을 겪었으나, 다행히 큰 훼손 없이 100년을 잘 견뎌왔다. 한 세기 풍상 속에 외벽 벽돌에는 세월의 더께가 앉았고, 붉은 빛이 많이 바랬으나, 건물 곳곳에 벽돌을 굽고 쌓은 신자들의 땀과 기쁨이 고스란히 배어 있다. 벽돌 하나하나 옛 모습 그대로 보존되어 있는 모습을 보니 가슴이 뭉클해진다. 낡은 현관 문고리와 종탑 귀퉁이에서 자라나는 잡풀이 짙은 세월의 향기를 느끼게 해 준다.

성당은 작고 아담하며, 간결하고, 소박하다. 정면 중앙에 3층 종탑이 서 있고, 그 위에 첨탑을 세웠다. 다른 성당에 비해 종탑이 비교적 높고 첨탑의 지붕이 급경사인 것이 특징이다. 건물은 긴 네모 모양이다. 건물을 받쳐주는 버팀벽은 회색 벽돌을 사용하였다. 창은 모두 아치형이며, 테두리를 회색 벽돌로 장식하였다. 내부 천장은 둥근 모양이고, 창틀과 기둥은 외부 버팀벽과 같은 회색이다. 실내 공간은 기둥을 두 줄로 세워 삼랑식으로 디자인하였다. 내부 바닥은 마루 구조이고, 벽은 회를 발라 마무리하였다. 고딕 양식을 변형시킨 소규모 벽돌조 성당의 전형적 형태다. 성당 주변엔 150년이 넘은 느티나무가 우람하게 서서 성당의 역사를 말해준다.

용소막성당에 가을이 깊었다. 성당은 작고 아담하며, 간결하고, 소박하다.

느티나무가 성당 문에 가지를 드리웠다. 이른 아침이라 예배당은 텅 비어 있다. 정면에 보이는 제단이 조촐하다. 단정한 스테인드글라스 창으로 아침 햇살이 은은하고 따스하게 비쳐든다. 벽을 빙 둘러가며 예수 수난부터 죽음까지를 표현한 14처 그림이 걸려 있다. '비라도 예수를 죽을 죄인으로 정함이라' 그림 밑에 쓰인 글은 사뭇 예스럽고 고어 투다. 넓지도 좁지도 않은 아흔 평 남짓한 예배당에 조용히 앉아 있으니 마치 고향에라도 온 것처럼 마음이 포근하다. 일상의 앙금이 스르르 가라앉는다.

최초의 한글 구약성서 용소막성당에서 태어나다

시골 본당이지만 용소막성당은 천주교 성서사에 빼놓을 수 없는 곳이다. 최초로 우리말 구약성서를 번역한 성서학자이자 '성모영보수녀회'의 설립자인 선종완 1915~1976 신부가 이곳 사람인 까닭이다. 그는 성당이 완공되던 1915년에 태어나 이곳에서 유아 세례성사를 받았으며, 용소막성당이 배출한 첫 사제이기도 하다. '용소막성당' 표석이 서 있는 자리가 선 신부의 생가 터이다. 되돌아보니 구약성서를 읽으며 언제, 누가 번역했는지 생각해본 적이 없다. 한글 구약성서를 그냥 자연스럽게 받아들였다. 용소막에 와서 선 신부의 헌신 덕에 누구나 쉽게 구약성서를 읽을 수 있음을 뒤늦게 알았다.

선 신부의 삶과 업적을 기리기 위한 아담한 유물관이 성당 구내에 자리하고 있다. 유물관에는 고인이 사용하던 손목시계, 우산, 지팡이 등 일상 용품과 제의, 제구, 의류 같은 유품 384점, 각종 서적류 274권이 전시돼 있다. 20분 남짓 선종완 신부의 숭고한 삶에 대해 설명을 들으며 새삼 그에게 고마움을 느꼈다. 한국 최초로 완역한 구약성경 옆에 놓인 교정본에는 몇 번씩 고쳐 쓴 흔적이 고스란히 남아 있다. 수 십 권으로 묶은 번역 초고에서도 사람들이 성경을 이해할 수 있도록 애쓴 흔적을 엿볼 수 있다. 몇 벌의 옷, 책이 대부분인 유품에서 선 신부의 청빈한 삶과 무소유의 숨결이 마음 깊이 느껴진다.

용소막성당 유물관. 구약성서를 최초로 한글로 번역한 선종완 신부 기념관이다.

성서를 번역할 때 그가 사용했다는 낡은 책상도 눈길을 끈다. 책상 주위에 부채꼴 모양으로 널빤지를 덧대어 2층으로 손수 짜 만든 것인데, 맵시는 보잘 것 없으나 아이디어와 활용도는 그만이다. 책상 위에는 전기가 들어오기 전 사용했던 등잔과 성서를 번역하기 위해 참고했던 히브리어 성서와 성서사전, 희랍어 구약성서, 강의 노트 등이 가지런히 펼쳐져 있다. 원문에 충실하면서도 아름다운 우리말 성서를 펴내는 데 혼신의 힘을 쏟았던 고인이지만, 제자 신학생들에게는 "죽을망정 성서 번역은 못할 일이다."라고 번역의 어려움을 털어놓기도 했단다. 극심한 과로로 간암 판정을 받은 고인은 마지막 번역 원고를 성서공의회에 전달한 다음날 62세로 선종했다. 우리말 성서를 한국천주교회에 남겨 놓고 그렇게 조용히 눈을 감은 것이다. 때는 1976년 7월 11일이었다.

유물관을 나와 성당 뒷산을 오른다. 십자가의 길과 로사리오 동산을 걸으며, 예수의 고난을 생각하고 선종완 신부의 삶을 묵상한다. 묵주를 매만지며 기도를 올리자 어느새 가슴이 따뜻해진다.

주변 여행지 TOURISTIC SITE

배론성지

용소막성당에서 자동차로 25분 거리에 있다. 배론성지는 광주 천진암과 더불어 한국 천주교의 발원지 가운데 한곳이다. 계곡이 깊고 모양이 배 밑 바닥 같다고 하여 이런 이름을 얻었다. 1791년 신해박해 때 피난 온 신자들이 농사와 옹기 굽기로 생활하며 신앙 공동체를 이룬 곳이다. 1801년 신유박해 때 황사영이 배론의 옹기굴에 숨어 조선 정부의 천주교 탄압과 대처 방법을 담은 백서를 작성하였다. 배론성지는 한국의 카타콤바 초대 교회 시절 그리스도인들의 지하 무덤. 주로 로마 주변에 많으며 박해 때 피난처로 사용되었다라 할 만큼 많은 신앙 유산을 품고 있다. 신학교 터와 우리나라 두 번째 사제인 최양업 신부의 묘지, 황사영 백서 토굴, 옹기 가마굴 등이 보존되어 있다. 뒤에 성당, 경당, 피정의 집, 최양업 신부 조각 공원 등이 들어섰다. 성지 입구 탁사정은 제천이 자랑하는 절경 가운데 하나이다. 운치 있는 정자 탁사정에서 바라보는 풍경이 무척 아름답다.

주소 충북 제천시 봉양읍 배론성지길 296 전화 043-651-4527

치악산자연휴양림

용소막성당에서 자동차로 20분이 채 걸리지 않는다. 치악산국립공원의 남서쪽 끝자락 계곡에 있다. 4계절 모두 아름답기로 유명한 휴양림으로 침엽수와 활엽수가 울창한 천연림이다. 통나무와 황토로 꾸민 숲속의 집, 산책로, 등산로, 야영장, 삼림욕장, 잔디광장 등 휴양과 삼림욕을 즐길만한 시설을 두루 갖추고 있다. 주변에 칠성바위, 거북바위, 벼락바위 같은 기암괴석이 즐비하다. 가까운 남대봉에 오르면 물결치는 치악산 줄기를 한눈에 넣을 수 있다.

주소 강원도 원주시 판부면 휴양림길 66 전화 033-762-8288

고판화박물관

원주시 신림면에 있는 사찰 명주사 경내에 있다. 국내에 하나밖에 없는 판화 전문 박물관이다. 서울시교육청 체험학습 교육기관으로 지정된 고판화박물관은 한국, 중국, 일본, 티벳, 몽골 등에서 수집한 고판화 원판과 인출된 서적, 능화판, 시전지판, 부적판, 원본 판화 등 4000여 점을 소장하고 있다. 오염되지 않은 자연과 옛 문화의 정취를 더불어 느낄 수 있는 곳으로, 산사와 박물관을 연계한 문화형 가족 템플 스테이를 운영하고 있다. 주소 강원도 원주시 신림면 물안길 62 전화 033-761-7885

또 다른 여행지 뮤지엄 산, 치악산과 구룡사, 강원감영, 한지테마파크, 박경리문학공원

맛집 RESTAURANT

황둔막국수 물막국수, 비빔막국수, 감자전

신림에서 영월로 넘어가는 길목, 신림면 황둔출장소 부근에 있는
막국수 전문점이다. 메밀면을 직접 뽑아 조리를 한다. 대표 메뉴는
물막국수와 비빔막국수이다. 식당에 음식을 맛 있게 먹는 방법을
적어놓아 눈길을 끈다. 물막국수는 양념장, 식초, 겨자, 설탕을 넣고
먹기를 권하고, 비빔막국수는 양념이 잘 섞이도록 충분히 섞는 게
비결이란다. 즉석에서 부쳐주는 쫄깃한 감자전도 있다. 주소 강원도
원주시 신림면 신림황둔로 1242 전화 033-764-2055 예산 1만원 이내

황둔찐빵 단호박찐빵, 백련초찐빵

원주시 신림면 황둔리는 횡성군 안흥과 더불어 찐빵으로 유명한
곳이다. 이인숙황둔찐빵은 이 지역에서 이름난 찐빵집이다. 팥이
듬뿍 들어간 단팥찐빵, 붉은 색 고구마를 넣은 자색고구마찐빵, 단
호박찐빵, 쑥찐빵, 백련초찐빵 등 종류와 색깔이 가지가지다. 옛
추억을 떠올리며 취향 따라 골라 먹는 재미가 쏠쏠하다. 방부제를
넣지 않으며 택배로 주문할 수도 있다. 주소 강원도 원주시 신림면
신림황둔로 1239 전화 033-764-2056 예산 1만2천원

시골밥상 산채비빔밥, 시골밥상정식, 더덕구이정식

원주시 판부면 금대리 계곡 근처에 있는 한정식집이다. 넓은 잔
디 마당이 마음을 여유롭게 해주며 마당 위에 지은 너와집이 독특
한 운치를 자아낸다. 시골밥상정식이나 더덕구이정식을 주문하
면 각종 나물 반찬과 된장찌개, 그리고 더덕구이 등을 한 상 차려
내온다. 맑은 공기와 새 소리를 벗 삼아 마치 고향집에서 먹는 것
같은 밥상을 받을 수 있다. 주소 강원도 원주시 판부면 치악로 1071
전화 033-762-7898 예산 1만5천원 내외

또 다른 맛집 금대리막국수, 원주복추어탕, 엄나무집삼계탕, 우리장터

홍천성당

남성적인, 그러나 부드러운 석조 성당

돌의 아름다운 숨결_등록문화재 162호
주소 강원도 홍천군 홍천읍 마지기로 54
전화 033-433-1026
대중교통 홍천시외버스터미널에서 도보로 10분

칠월이 시작되는 첫 날 이른 아침에 길을 떠나기로 했다. 행운의 숫자 '7'과 남은 반년이 시작되는 첫날. 왠지 좋은 일이 펼쳐질 것 같은 설렘과 기대감 안고 눈을 떴다. 목적지의 주소를 확인해보니 홍천읍 희망리이다. '희망'을 향해 서울춘천고속도로를 신나게 달렸다. 두 시간쯤 달렸을까? 차는 벌써 홍천 읍내로 들어서고 있다. 자동차는 잠시 후 희망로로 진입했다. 이제 곧 홍천성당이다.

회색빛 석조 성당이 석화산 언덕 위에서 읍내를 내려다보고 있다. 파란 기와와 석탑 같은 종탑을 이고 있는 모습이 꽤 이색적이다. 성당 마당이 초등학교 운동장처럼 넓다. 날씨는 무더웠지만 마음은 더없이 시원하다. 성모상이 성당 앞까지 나와 방문객을 맞이해 준다. 몇 계단을 오르자 향나무가 호위병처럼 도열한 채 성당을 지키고 있다. 종탑을 보기 위해 성당 정면으로 돌아가니 예수성심상이 희망을 선물하듯 너그러운 얼굴로 먼저 반긴다. 종탑을 올려다보았다. 언젠가 경주에서 본 분황사지석탑이 몸집은 줄이고 키는 늘인 채 십자가를 이고 하늘에 떠있는 것 같다. 참 특이한 모습이다. 석조 성당이라 그럴까? 건물이 아기자기하기보다는 의젓하고 듬직하다. 직사각형 모양을 한 출입구와 창문도 듬직하기는 마찬가지이다. 돌과 직선의 만남. 갑자기 몇 년 전에 돌아가신 아버지 생각이 났다. 평생 엄하셨고 한 번도 부드러운 적이 없었지만 돌아보니 바위같이 든든했고 늘 변함이 없는 분이셨다.

돌과 나무의 조화   홍천성당의 역사는 박해 시대로 거슬러 올라간다. 충청도와
중후하되 따뜻하다   경기도에서 박해를 피해 강원도 산골로 들어온 신자들이 옹
기촌을 일구고 살았다. 송정리 홍천군 화천면도 그런 곳 중 하나
였는데, 1910년 이곳에 풍수원성당 송정공소가 들어섰다. 1923년 6월 본당으로 승격되어 초대 주임으로 황정수 신부가 부임하였다. 2대 주임으로 부임한 김경민 신부는 외진 송정리를 떠나 홍천 읍내로 본당을 옮겼다. 그리고 지금 자리에 목조 성당을 신축했으나 한국전쟁 때 그만 불타고 말았다.

석조 성당이 들어선 것은 1955년이다. 1954년 최동오 신부에 이어 호주 출신 크로스비 1915~2005 신부가 10대 주임으로 부임했다. 그는 전임 신부 때 시작한 성당 신축 공사를 맨 앞에서 이끌었다. 한국으로 부임하기 전 프랑스에서 큰 종을 구입해 화물선에 미리 부쳤는데, 지금도 그 종이 종탑에 걸려있다. 그는 주변에 주둔하고 있던 미군 공병대에 도움을 요청하여 건축 기금과 중장비 지원을 받아냈다. 미군 트럭을 동원하여 돌을 실어 나르고, 서울과 춘천, 원주에서 석공을 불러와 돌에 홈을 파서 끼어 넣는 방법으로 외벽을 쌓았다. 마루와 창문에 필요한 목재도 미군 공병대에서 얻어 왔다. 마룻바닥을 깔 때엔 한국의 전통 기술도 도입하였다. 가구재로 많이 쓰이는 나왕나무로 바닥을 만들었는데 시간의 흔적만 쌓였을 뿐 60년 세월이 흘렀는데도 끄떡이 없다. 성당 신자들은 그 비결을 마루 아래에 깐 새끼줄 타래라고 자랑한다. 마루를 땅바닥에서 높게 설치하고 그 사이 빈

공간에 새끼줄 타래를 두텁게 깔았다. 새끼줄이 습기를 빨아들이는 까닭에 나무 바닥이 여전히 튼튼하다고 신자들은 입을 모은다.

홍천성당은 지자체의 지원을 받아 한차례 보수 작업을 했다. 정면과 측면 문을 동판으로 교체하고 창문에는 스테인드글라스를 입혔다. 제단도 석조로 새로 꾸몄다. 2005년 4월엔 등록문화재 제162호로 지정되었다. 이때 1950년대 석조 성당 건축의 전형으로 보존과 연구 가치가 높다는 평가를 받았다.

안으로 들어가자 종루로 올라가는 좁은 나무 계단이 보인다. 조심조심 오르자 타종 때 쓰는 긴 동아줄이 늘어져있다. 마치 천국으로 이어주는 희망의 동아줄 같다. 고개를 쳐들고 종루를 올려다보았다. 끝이 너무 아득해서 머리가 어지럽고 다리가 후들거린다. 더 오르지 못하고 계단을 내려왔다.

내부 디자인은 오래된 성당의 전형적인 모습과 조금 다르다. 우선 실내에 기둥이 없다. 일반적으로 두 줄 기둥을 활용하여 회중석을 주랑과 측랑으로 나누지만 이곳에서는 그런 모습을 볼 수 없다. 제대 앞까지 뻥 뚫려있다. 천장도 흔히 보아온 아치 천장이 아니다. 다만 중앙은 평면으로, 좌우 끝은 경사 천장으로 설계하여 작은 변화를 주었다. 새로 입혔다는 스테인드글라스도 인상적이다. 유리창에 성화를 입힌 게 아니라 한국의 전통 조각보를 현대적 감각으로 재현해 놓았다. 우아하고 세련미가 느껴진다. 문득 바람이 불면 색색 조각보가 날리며 아름다운 무늬의 향연을 펼칠 것 같다.

푸른 눈의 크로스비 신부
영혼의 반을 한국에 놓고 가다

다시, 푸른 눈의 크로스비 신부 이야기를 하고 싶다. 1915년 호주 멜버른에서 태어난 그는 1939년 아일랜드 성골롬반신학교에서 사제 서품을 받고 이듬해 홍천 성당 보좌신부로 부임했다. 1942년에는 대동아전쟁을 일으킨 일본이 외국인 사제를 잡아들이는 바람에 감옥에 투옥된 후 본국으로 추방되었다. 해방 후 1947년에 재입국하여 홍천본당 주임신부가 되었으나 한국전쟁 때 끝까지 성당을 지키다 인민군에게 붙잡혀 중강진까지 끌려가는 고초를 겪었다. 다행히 1953년 석방되어 호주로 귀국했다. 그리고 이듬해 바로 다시 홍천성당으로 돌아와 성당 신축을 완성했다. 그는 땅 파고 못질을 하는 노동자 신부로 평생을 살았다. 1987년 여름 원통본당 주임신부로 있을 때 일이다. 한 거지가 성당으로 동냥을 하러 왔다가 남루한 작업복 차림으로 땀을 뻘뻘 흘리며 손수레를 끌고 있는 신부를 보고는 '나보다 더 거지같다'는 푸념을 했다고 한다. 혹독한 포로 생활과 고된 노동을 한 탓에 신부는 말년에 관절염으로 고생하였다. 1997년 8월 치료차 서울에 갔다 왔는데 오히려 병이 더 악화 되었다. 돌아오는 시외버스에서 내내 서 있었던 탓이었다. 신자들이 고령의 노인에게 자리를 양보하지 않은 승객들을 원망하자 신부는 이렇게 말했다. "아닙니다. 양보 받았으나 제가 정중하게 거절했습니다." 마침 휴가철이어서 좌석표가 없었다. 입석표를 들고 승차를 했는데 좌석표 가진 사람의 권리를 빼앗을 수 없었다고, 그는 신자들에게 말했다.

힘겨워도 원칙을 지키려고 했던 신부의 자세는 우리에게 큰 감동과 영감을 준다. 그의 완고하지만 아름다운 원칙은 반칙과 부정에 중독된 우리시대에 절실히 요구되는 미덕이 아닐까 싶다. 그는 홍천, 포천, 원통, 간성 등지에서 사제로 일하다가 건강이 악화 되자 1998년 11월 다음과 같은 말을 남기고 고향으로 돌아갔다.

"그동안 도와주신 모든 분들께 감사드립니다. 내 영혼의 반을 한국에 두고 갑니다."

우리보다 우리를 더 사랑했고, 갖은 고초를 겪으면서도 신앙 공동체를 위해 헌신한 크로스비 신부 이야기를 듣고 나자 홍천성당이 예사롭게 보이지 않는다. 어느 날 마음이 불안하여 아버지 같은 성당을 만나고 싶으면 홍천으로 와야겠다. 조각보 창문과 푸른 기와, 석탑 같은 종탑이 있는, 그리고 크로스비 신부의 따뜻한 이야기를 들려주는 홍천성당으로 와야겠다. 그리고 내 영혼의 반을 누구와 나눌지 곰곰히 사유해야겠다.

삼봉자연휴양림과 삼봉약수

강원도 홍천군 내면에 있다. 홍천이지만 오대산국립공원과 인제에 더 가깝다. 가칠봉을 중심으로 응복산과 사삼봉 등 봉우리 세 개로 이루어져 있어서 삼봉이라는 이름을 얻었다. 아름드리 전나무와 주목 같은 침엽수와 박달나무, 거제수나무를 비롯한 숱한 활엽수가 천연림을 이루고 있다. 천연기념물인 열목어가 살 만큼 계곡이 깨끗하고 물이 맑다. 삼봉약수는 휴양림과 지근거리에 있다. 철 이온, 탄산 이온 등 15가지 성분이 함유된 이름난 약수이다. 구멍 세 군데에서 약수가 나오는데 첫맛은 톡 쏘고 뒷맛은 약간 짭조름하다. 원래 이름은 실론약수이나 지금은 삼봉 가운데에 있다고 해서 삼봉약수로 불린다. 빈혈, 당뇨, 신경쇠약, 피부병에 좋다고 알려져 요양을 하러 오는 사람이 많다. 주소 강원도 홍천군 내면 삼봉휴양길 276 전화 033-435-8536

수타사 산소길과 생태숲

수타사는 홍천군 동면 공작산 기슭에 있는 아담한 절이다. 원효대사가 창건했다고 전해지나 정확한 기록은 없다. 수타사를 중심으로 산소길이라는 아름다운 산책로와 생태 숲이 조성되어 있다. 절 주차장에서 계곡길, 용담, 소, 출렁다리, 목교, 계곡길, 생태숲, 다시 수타사로 돌아오는 6.4킬로미터에 이르는 숲길이다. 맑고 깊은 용담과 편안한 숲길을 따라 산책하듯 걷다보면 마음이 저절로 편안해진다. 산책을 마쳤다면 천년 고찰 수타사로 가 조용히 사유의 시간을 가져보기를 권한다.

주소 강원도 홍천군 동면 수타사로 409 전화 033-430-2636

홍천 은행나무숲

오직 10월 한 달 동안만 문을 여는 우리나라에서 가장 큰 은행나무 숲이다. 삼봉자연휴양림과 그리 멀지 않은 곳에 있다. 개인이 몸이 아픈 아내를 위해 30년 동안 나무를 심어 정성스레 가꾸었다. 가을이면 은행나무 2천 여 그루가 노란 물결을 이룬다. 가을의 정취를 한껏 누리고 싶다면 홍천 은행나무 숲으로 가라. 거기 당신이 꿈 꾸는 가을이 기다리고 있을 터이니. 입장료는 무료이다. 주소 강원도 홍천군 내면 광원리 686-4

맛집 RESTAURANT

막국수

막국수 하면 대개 춘천을 떠올리지만 메밀 주산지인 강원도 전체가 막국수로 유명하다. 홍천도 마찬가지여서 곳곳에 이름난 막국수 식당이 많다. 화촌면에 있는 길매식당은 막국수뿐만 아니라 잣을 넣어 만든 잣두부가 맛있는 식당이다. 주요 메뉴는 백김치 국물에 말아 먹는 막국수와 들기름에 구워 고소한 잣두부구이다. 장원막국수는 홍천읍 상오안리에 있다. 100% 순 메밀을 직접 반죽 하여 만들기 때문에 쫄깃한 감은 떨어지나 메밀 특유의 구수한 맛이 좋다. 메밀 삶은 물을 숭늉처럼 내오는

데 이 또한 별미이다. 또 다른 메뉴인 돼지고기 수육은 부드럽고 간장소스가 특히 감칠맛이 나 좋다. 금방 지진 녹두 빈대떡도 있다. 매주 화요일 휴무이다. 홍천읍 갈마곡리의 영변막국수는 개업을 한 지 40년이 넘은 맛집으로 막국수뿐만 아니라 삼겹살편육과 닭갈비도 먹을 수 있다. 가리산막국수는 물골안 캠핑장에서 자동차로 5분 거리에 있다. 추어탕과 두부전골도 맛이 좋다. 길매식당 강원도 홍천군 화촌면 구룡령로 214-3(033-432-2314) 장원막국수 강원도 홍천군 홍천읍 상오안리 207(033-436-5855) 영변막국수 강원도 홍천군 홍천읍 공작산로 3(033-434-3592) 가리산막국수 강원도 홍천군 두촌면 가리산길23번길 1(033-435-2704) 예산 1만원 내외

화로구이마을 돼지고기숯불화로구이

홍천읍 오안초등학교 근처에 돼지고기 숯불구이 식당이 여기저기 들어서 있다. 꿀과 잘 숙성된 고추장 등으로 양념한 돼지고기를 숯불화덕에 구워 먹는데 그 맛이 고소하고 달콤하다. 채소에 싸서 먹거나 밑반찬과 함께 먹어도 맛이 특별하다. 거의 모든 식당에서 메밀 막국수도 같이 판매한다. 여러 식당 중에서 양지말화로구이와 홍천원조화로구이를 제일 쳐준다. 양지말화로구이 강원도 홍천군 홍천읍 양지말길 17-4(033-435-7533) 홍천원조화로구이 강원도 홍천군 홍천읍 양지말길 17-8(033-435-8613) 예산 2만원 내외

또 다른 맛집 늘푸름한우사랑, 오대산내고향

대전·충남·충북

Daejeon·Chungcheongdo

대전 거룩한말씀의수녀회성당 · 아산 공세리성당 · 당진 합덕성당
서산 동문동성당 · 예산성당 · 공주 중동성당 · 부여 금사리성당 · 금산 진산성지성당
성공회수동성당 · 음성 감곡성당 · 성공회진천성당 · 옥천성당

대전 거룩한말씀의수녀회성당

눈이 부실만큼 새하얀 성당

대전의 좋은 건축물 40선_대전시 문화재자료 45호
주소 대전시 중구 동서대로1365번길 19
전화 042-252-8001
대중교통 ①지하철 1호선 오룡역 하차 ②대전복합터미널에서 601번 이용

성당 주변은 주택과 아파트로 가득하다. 이를 두고 상전벽해라 하는가? 대전 중심부에서 멀리 떨어진 탓에 100여 년 전만 해도 집과 사람은 없고 밭과 언덕만 있어서 전교를 하는 신부를 애태우던 곳이 이제 집으로 꽉 찼다. 그렇다고 번화하거나 소란스럽지는 않다. 세속과 일정한 거리를 둔 채 목동 언덕에 자리를 잡고 있어서 제법 고즈넉하다.

큰 길에서 골목길로 조금 올라가면 왼쪽으로 프란치스코수도원이 보인다. 오른쪽엔 목동성당이 자리를 틀었다. 본당을 끼고 왼쪽으로 돌아 조금만 걸어 올라가면 계단 위에 거룩한말씀의수녀회성당옛 목동성당이 소담한 모습으로 서 있다.

거룩한말씀의수녀회성당은 1919년 설립된 대전 최초의 천주교 본당이다. 지금의 성당은 1927년에 지었으니까 건물의 나이가 90살에 가깝다. 대전시 문화재자료 제45호로, 1999년 '건축문화의 해'에 대전에서 좋은 건축물 40선에 선정되었다.

대전이 발전함에 따라 천주교도 크게 성장하였으나 다른 한편으로 많은 고난을 당하기도 하였다. 특히 한국전쟁 고비 때마다 깊은 상처를 입었다. 성당으로 향하는 걸음걸

이가 조심스러워진다.

제1대 주임이었던 이종순 신부가 이곳에 처음 성당을 세운 것은 1920년 5월경으로 알려져 있다. 하지만 안타깝게도 성당 양식이나 규모에 대한 기록은 남아있지 않다. 두 번째로 지은 본당이 지금의 하얀색 성당이다. 2대 주임으로 부임한 파리외방전교회 소속 루블레 1876~1928 신부가 대구효성여자보통학교 교장으로 있던 무세1876~1957 신부에게 설계를 의뢰하여 1927년 10월 3일 완공하였다. 고딕 양식에 로마네스크 요소를 결합한 장방형 평면 구조인데 출입문을 세 개 내었고, 양쪽 벽면에도 작게 돌출 출입구를 만들었다. 중앙 출입문 위에는 뾰족한 종탑을 세웠다. 그 시절 경부선을 타고 가다 보면 언덕 위로 솟아오른 성당 종탑이 보였다고 한다.

성당 내부는 목조 열주를 세워 회중석과 양쪽 회랑을 구분해 놓았다. 회중석은 반원형 베럴 볼트 천장으로, 그리고 회랑은 평천장으로 마무리하였다. 반원형 베럴 볼트 천장에는 베이마다 가느다란 나무로 장식을 하여 흰색 물결을 연상시킨다. 제대부에는 세 개의 아치를 만들어 아담한 성당에 변화를 주었고, 제대 안쪽 창문을 창호로 만들어 한국적인 아름다움을 가미하였다. 제대부 중앙에 걸린 십자가상과 벽에 걸린 14처상은 독일에서, 출입문 위 창문에 박은 스테인드글라스는 프랑스에서 가져와 설치했다. 바닥은 나무 마루인데, 50년대 중반까지 바닥에 앉아 미사를 드렸다고 한다.

한국전쟁의 아픔을
안으로 감싸안은 성당

1905년 경부선이 개통하면서 '대전'이 전국에 알려지기 시작하였다. 1913년 성탄 침례 때 대전에 사는 신자 세 명이 청주 비룡성당 이종순 신부에게 판공성사를 받으러 왔다는 기록이 있다. 대전역 근처에 모여 살던 옹기점 출신 교인으로 추정하는데, 이들을 대전의 첫 천주교 신자로 보고 있다. 이를 계기로 1915년 대전 생곡에 첫 공소가

옛 목동성당의 제대부와 그 뒷 공간. 제대부에 세 개의 아치를 만들어 아담한 성당에 변화를 주었고,
제대 안쪽 창문을 창호로 만들어 한국적인 미를 가미하였다.

만들어졌다. 경부선 개통으로 발전 가능성이 크다고 여긴 이종순 신부는 1919년 지금의 목동성당 부지 9천여 평을 매입한 후, 11월 12일 청주 비룡본당을 아예 목동성당으로 이전하였다. 거룩한말씀의수녀회성당의 역사는 이렇게 시작되었다.

목동성당은 일제강점기 내내 프란치스코회 소속 캐나다 사제들이 주임을 맡았는데 일본의 적국 출신 사람이라고 하여 일제에 심한 박해를 받았다. 해방이 되자 파리외방전교회 소속 사제들이 중심이 되어 본당과 수도원 재기에 힘을 쏟았다. 그러다 곧 한국전쟁이 터져 이 성당은 식민지시대보다 더 심한 비극의 소용돌이에 휘말리게 된다. 1950년 9월 목동성당이 참혹한 학살의 현장으로 변한 것이다. 성스러운 공간이 죽음의 장소로 바뀌다니, 이처럼 슬픈 역사가 어디 있겠는가? 그해 가을, 이 언덕에서 충청도 각지에서 끌려온 외국인 신부 10명과 한국인 신부 1명, 평신도와 양민 등 1,200여 명이 학살되었다. 그때의 증언 기록을 보면 참혹함에 몸서리가 쳐진다. "……계단이며 벽이며, 바닥이며 모두가 피투성이였다……."

학살에 대한 이야기는 다시 기억해 내고 싶지 않다. 우리 집 안에도 한국전쟁의 쓰라린 이야기가 존재하는 까닭이다. 남하한 인민군은 대전 근방 우리 집에 들이닥쳐 임시 거주하였는데, 미처 피난을 가지 못한 오빠 중 두 명이 명을 달리한 것이다. 공학도를 꿈꾸던 어린 고등학생이었다. 어머니는 가끔 "나는 보고 싶은 사람이 많아서 생각을 안 한다."고만 하셨다. 자세한 얘기를 해주시지도 우리가 여쭤 보지도 않는 금기 사항이었다. 그때 나는 어린 아이였다. 성장 후 할머니 산소 아래에 있는 오빠들 묘지를 볼 때마다 그저 어머니의 아픈 마음을 가늠할 뿐이었다. 이제 장성한 아들을 둔 내가, 대전에 와서 슬픈 언덕의 역사를 만나니, 가슴 속에 꼭꼭 가두어 놓고 사신 어머니의 통렬한 아픔이 다가와 슬픔이 복받친다.

목동성당의 고난은 계속되었다. 창문과 출입문에 빗장이 드리워졌고, 마당과 수도원은 피난민들이 임시 거주하였다. 성당이 폐쇄된 지 6년이 지난 1956년 4월 쥐스땡 신부가 다시

옛 목동성당 꽃동산과 외부 측면 모습. 새하얀 성당과 꽃동산이
서로 어우러져 한없이 고요하고 평화로운 풍경을 자아낸다.

부임하여 보수 작업을 시작하였다. 성당 벽이 여전히 붉은 핏빛으로 물들어 있고, 총탄
자국 또한 심하게 남아 있었다고 한다. 하는 수 없이 외벽에 모르타르를 바르고 흰색 수
성페인트를 칠했다. 애시당초 이 성당은 약현성당이나 명동성당처럼 붉은 벽돌 건물이었
다. 성당은 그때 사목을 도와주던 '거룩한말씀의수녀회'로 이관되어 오늘에 이르고 있다.
손가락 크기만큼 작은 사람 형상을 한 토기들이 성당 오른쪽 빈 공간에 가득 늘어서 있
다. 어떤 미술학과 학생이 만들어 전시해 놓았다고 한다. 예수의 산상 수훈 설교를 듣는
사람들의 형상인가? 친절히 안내해 주던 수녀를 모델로 사진을 찍고 싶다하니 선뜻 응
해주었다. 다시 세상 속으로 발걸음을 옮기며 하얀 성당을 올려다본다. 이제 성당은 한
바탕 몰아쳤던 폭풍을 먼 기억으로 물린 채 세상을 고요히 내려다보고 있다.

주변 여행지 TOURISTIC SITE

유성온천

1915년 충청도에서 처음으로 온천탕이 시작되었다. 화강암 단층 파쇄대에서 섭씨 37도~56도에 이르는 온천수가 분출된다. 약알칼리성 라듐 온천수로 칼륨, 칼슘, 황산염 등 각종 성분 약 60여 종이 포함되어 있다. 유성구 온천1동 이팝나무 숲에 야외 족욕 체험장이 있다. 꽃피는 봄이 오면 이팝나무 숲길과 족욕을 체험하려는 사람들이 많이 찾는다. 분수, 물레방아, 족욕 시설 두 곳이 정원 같은 분위기를 연출한다.

주소 대전시 유성구 온천1동, 봉명동 일대

계족산황톳길

대덕구 계족산 장동산림욕장 안에 있는 명품 숲길로 한국관광공사의 '걷고 싶은 길 12선'에 선정되었다. 국도변 주차장에서 5분 정도 걸으면 삼림욕장이 나온다. 산책로 한쪽에 3킬로미터 남짓한 황톳길을 조성해 놓았다. 맨발로 황톳길을 걸어보라. 땅의 기운이 몸으로 전해져 저절로 힐링이 된다. 입구에 발을 씻을 수 있는 물통과 수도가 있다. 삼림욕장 위쪽에는 백제시대 산성인 계족산성이 있다. 주변에 야생화 정원도 있어서 황톳길 산책과 들꽃 감상, 문화유산 기행을 동시에 할 수 있다.

주소 대전시 대덕구 장동 산 59

이응노미술관

2007년 5월 대전시와 화가의 후손들이 힘을 모아 건축하고 서울 평창동에 있던 미술관을 옮겨왔다. 서예에서 시작하여 문자추상이라는 독창적인 회화 세계를 창조했다. 이응노미술관은 고암의 영혼의 거처이자 문자추상의 세계를 품은 아름다운 건축물이다. 마티스미술관을 설계한 프랑스 건축가 로랑 보드엥이 디자인을 맡았다. 고국을 사랑하였으나 파리에서 잠든 이응노는 뒤늦게 작품으로 귀향하였다. 우리나라 최초의 여성 서양화가인 나혜석의 소개로 만났다는 부인 박인경 여사의 작품도 전시하고 있다.

주소 대전시 서구 둔산대로 157 전화 042-611-9800

또 다른 여행지 대전한밭수목원, 장태산자연휴양림, 계룡산과 동학사

맛집 RESTAURANT

성심당 튀김 소보로, 부추빵

프란치스코 교황 방한 기간 내내 이 집에서 식사
용 빵을 담당했을 만큼 이름난 빵집이다. 1956
년 대전역 앞 작은 찐빵 가게에서 시작하여 2011
년 프랑스 미슐랭 가이드에 선정될 만큼 유명해
졌다. 1981년 '튀김 소보로'를, 1992년 '부추빵'을
출시하며 입소문을 타기 시작했다. 성심당 옆에
건물을 신축하여 국내 최초로 베이커리 레스토
랑을 도입하였다. 1층은 성심당 케이크, 2층은 이
태리 레스토랑인 테라스 키친, 3층은 빵공장이
다. 대전역 구내에 있는 분점에서도 빵을 구입할 수 있다.

주소 대전시 중구 대종로480번길 15 전화 1588-8069

김삿갓 갈비탕, 갈비, 등심

유성대로의 숯골다리를 건너서 가다보면 '김
삿갓한우숯불구이' 간판이 보인다. 메뉴는 갈
비탕, 양념갈비, 생갈비, 꽃등심, 전골이 있다.
밑반찬으로 김치와 나물류 여섯 가지 정도가
깔끔하게 나온다. 갈비탕은 일일 한정량만 요
리하므로 빨리 마감될 수 있다. 주차장이 잘
마련되어 있으며 연중무휴로 영업한다. 주소
대전시 유성구 유성대로 1184번길 11-27 전화 042-
863-6076, 6077 예산 1만1천원~7만원

숯골원냉면 냉면, 백숙

대전에서 알아주는 맛집이다. 대덕연구단지 신성동사무소 옆에 있다. 북한에서 월남하여 4대째 평양냉면을
만들만큼 역사가 깊은 음식점이다. 면을 순수 메밀로 만든다고 강조한다. 육수는 닭고기 육수와 동치미 국물
로 만드는데 조금 밋밋한 듯 하지만 맛이 깔끔하다. 평양냉면이 주요 메뉴이지만 닭백숙, 닭도리탕, 평양식 왕
만두, 비빔냉면 등도 맛이 좋다. 연중무휴이다.

주소 대전시 유성구 신성로84길 18 전화 042-861-3287 예산 1만원~2만원

아산 공세리성당
우리나라에서 가장 아름다운 성당

영화와 드라마의 무대가 되다_충남 유형문화재 144호
주소 충남 아산시 인주면 공세리성당길 10
전화 041-533-8181
대중교통 지하철 1호선 온양온천역 또는 온양시외버스터미널에서 601, 610, 611, 612, 613, 614번 버스
승차 후 공세리동강정류장에서 하차, 도보로 8분(60분 소요)

평택에서 아산만방조제를 건너 1킬로미터쯤 달리면 인주사거리가 나온다. 그 즈음 오른
쪽 언덕 위로 살짝 솟은 성당 첨탑이 보인다. 좁은 길로 들어가서 주차장에 차를 세우고
몇 걸음 옮기면 느티나무 고목이 성당보다 먼저 달려와 맞아준다. 본당 앞에 이르면 이번
엔 수령 370년을 헤아리는 당당한 팽나무가 다시 한 번 방문객을 반긴다. 성당 옆 마당에
도 아름드리 느티나무가 서 있다. 400년을 산 느티나무는 넉넉한 가지로 깊고 넓은 그늘
을 만들고 있다. 거목들은 이곳의 내력이 만만치 않음을 조용히 웅변하고 있다.
공세리성당이 둥지를 튼 언덕은 본래 조선시대 조세를 거둬들이던 '아산공세곶'이 있던
땅이다. 당시 충청도 40개 고을의 조세 수납처가 8곳에 있었는데 그 중 하나가 아산공세
곶이었다. 성종 때인 1478년 처음 해운창을 설치하였고, 중종 때인 1523년에는 창고 80
칸을 짓고 충청 전라 경상도에서 거둔 세곡을 모아 보관하였다. 영조 38년1762 해운창이
폐지되면서 약 300년 만에 조창이 문을 닫자, 130여 년 동안 유휴지로 남게 되었다. 그
사이 어린 아이들의 공동묘지와 배가 안전하게 다녀오기를 기원하는 굿당이 들어서기도

공세리성당 내부와 외부. 공세리성당은 고딕 양식과 로마네스크
양식을 결합하여 지은 우아하고 아름다운 장방형 건물이다.

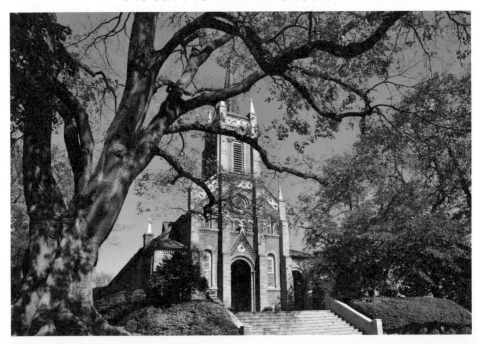

하였다. 1897년 천주교 성당이 들어서면서 공세곶 터는 다시 활기를 찾게 되었다. 성당이 처음 들어설 무렵에는 언덕 아래까지 바닷물이 들어왔다고 한다. 서해 500리 물길을 오 갔을 운송선과 세곡을 나르는 짐꾼들, 그리고 술 향기 솔솔 풍기는 주막이 공세나루에 가득했으리라. 그 뒤 포구와 뱃길은 모두 들판으로 바뀌었고, 간척을 하는 바람에 자리 를 잃은 바다는 저 뒤로 물러나 호수처럼 얌전히 앉아있다.

우아하고 아름다운 성당   충청남도는 천주교 도입 초기부터 복음의 씨앗이 뿌 세월의 향기까지 더해지다   려진 곳이다. '내포의 사도'로 불리는 이존창 1752~1801 이 열정적으로 전교한 결과였다. 1791년 진산사건 신해 박해 이후 약 90년 동안 1만여 명의 순교자를 낳았는데, 그 가운데 내포지방 순교자가 가장 많았다. 박해가 심했음에도 신자는 줄지 않았다. 박해시대가 막을 내린 1800년대 후반에 는 해가 다르게 신자수가 늘어 이 지역에만 15개 공소가 있었다. 1890년에 출발한 공세리 공소는 1895년 파리외방전교회 소속 에밀리오 드비즈 1871~1933 신부가 부임하면서 한옥 기 와집을 매입하고 예산 간양골본당 현재 합덕성당 에서 독립하였다. 합덕성당에 이어 충청도에 서 두 번째 본당이 된 것이다. 1897년에는 공세곶의 세곡 창고를 헐고 본당과 사제관 현재 박 물관 을 지었다. 또 1899년에는 세곡 창고 인근 땅 8,000여 평을 매입하여 라틴십자형 한옥 성당을 지었다. 현재의 벽돌 성당이 들어선 것은 1922년 10월 8일이다. 약 130평 규모로, 드 비즈 신부가 직접 설계하고 중국인 건축 기술자가 감독을 맡아 공사를 마쳤다.

공세리성당은 고딕 양식과 로마네스크 아치 양식을 결합하여 지은 우아하고 아름다운 장방형 건물이다. 성당 내부는 기둥을 두 줄로 세워 회중석을 3등분 하는 전형적인 삼랑 식 구조이다. 중앙 천장은 흰색으로 마감한 반원형 구조인데 하늘이 열리는 듯한 개방감 을 준다. 양쪽 측랑 천장은 평면으로 마감하여 중앙 천장과 다르게 변화를 주었다. 아치

창은 빛을 받아들여 성스러운 분위기를 한껏 북돋아준다. 중세 '빛'의 신학에선 플라톤의 이원론적 개념에 입각하여 '빛은 선, 어둠은 악마'라고 규정하였다. 그 '선'의 의미를 건축에 적용한 예가 스테인드글라스이다. 14처를 표현해 놓은 창문은 오색광채를 발하고 있다. 제11처는 로마 병사가 '십자가 위에 눕힌 예수를 누르고, 망치를 들고 높이 쳐든 순간'을 묘사해 놓았다. 쾅쾅 못을 박는 망치 소리가 들리는 듯하다. 13처는 눈에 익숙한 작품이다. 그 유명한 미켈란젤로의 조각품 피에타 Pieta 형상이다. 십자가에서 돌아가신 예수를 성모 마리아가 가슴에 품고 있다. 인류의 모든 예술품 가운데 가슴 미어지는 슬픔을 내면으로 끌어안으며 조용히 비탄에 빠진 모성애를 이보다 더 잘 표현한 작품이 또 있을까? 성스러운 가운데 우리 가슴도 미어지게 하는 예술적 표현 말이다.

내포의 손꼽히는 성지 순교자 32위 이곳에 잠들다

성당 옆 마당에 있는 느티나무는 둘레 5.5미터, 높이 31미터에 이르는 거목이다. 인조 때인 1631년 세곡 업무를 보는 관리와 인부들의 휴식처로 활용하라고 성곽 옆에 심은 나무 가운데 하나이다. 이 나무는 성당을 건축할 때 3미터 아래인 지금 위치로 옮겨졌다. 이동 거리가 3미터에 불과했지만 당시에도 워낙 거목이었던 탓에 그 과정이 순탄치 않았다. 나무를 이동시키는 과정에서 큰 사고가 나 안타깝게도 인부 두 명이 희생을 당했다. 드비즈 신부는 사망한 인부의 영혼을 위로하고, 갑자기 닥친 난관을 극복하기 위하여 전통적으로 구마 능력이 뛰어나다고 전해지는 성 베네딕토의 형상을 새긴 판 세 개를 제단 아래 땅에 묻었다. 다행히 그 후 공사는 무사히 마무리되었다. 드비즈 신부는 그 은덕에 감사하는 마음으로 성 베네딕토를 주보성인으로 모셨다. 베네딕토 성인은 지금도 제대 위에서 성당 건축 당시의 난관 극복 역사를 묵묵히 증언하고 있다. 성당 아래에는 드비즈 신부 공덕비와 순교자 32위를 기념하는 현양비와 현양탑이 있다.

공세리성당의 가을 풍경. 한국관광공사는 이 성당을 우리나라에서 가장 아름다운 성당으로
선정하였다. 지금까지 70여 편의 영화와 드라마의 무대로 등장하였다.

천주교 4대 박해 중 하나인 신유박해 때 아산에서 최초로 순교한 하 발바라1835, 병인박해 때 죽음 앞에서도 신앙을 의연하게 지킨 박씨 삼형제의서, 원서, 익서, 부부 순교자인 김 빌립보와 박 마리아, 순교 삼부자인 이요한과 이 베드로와 이 프란치스코를 포함하여 아산 출신 순교자 32위를 모시고 있다. 현양탑엔 순교자를 기리는 후손과 신자들의 발길이 사시사철 끊이지 않는다.

성당 옆 마당 한쪽에 지금은 박물관으로 사용하는 옛 사제관이 있다. 2층으로 지은 붉은 벽돌 건물로, 양쪽에서 2층으로 올라갈 수 있는 팔자 계단이 나 있고, 계단 밑에도 1층으로 들어가는 문이 있다. 박물관에는 대전교구 최초의 감실을 비롯하여 1,500여점의 유물을 전시하고 있다. 박해시대의 순교자들과 한국전쟁 때 순교한 성직자들, 에밀 드비즈 신부의 유물과 초기 신부들의 유해, 32위 한국 순교자 유해도 모셔져 있다. 한국 천주교의 태동 모습과 내포지방 초기 교우촌의 생활 장면을 미니어처로 관람할 수 있다. 흥미로운 점은 '이명래고약'을 박물관에 전시해놓은 것이다. 공세리성당이 '이명래고약'의 탄생지인 까닭이다. 당시에는 위생이 불량한 탓에 종기로 고생하는 교인들이 무척 많았다. 이를 안타깝게 여긴 드비즈 신부는 프랑스에서 전수받은 방식으로 고약을 만들어 교우들에게 나누어 주었다. 나아가 신부는 공세리성당의 신자였던 이명래 요한 에게 비법을 전수하여 조선의 종기 환자들에게 공급하도록 도와주었다. 고약의 명성은 곧 전국으로 퍼져나갔다. 1970년대까지만 해도 까맣고 끈적끈적한 '이명래고약'은 집집마다 구비해놓던 상비약이었다.

공세리성당은 아름답기로 손꼽히는 근대 건축물이다. 건립 당시에도 아름답다고 소문이 나서 방문객이 끊이지 않았다고 한다. 지금은 멋진 건축에 스토리와 시간의 향기까지 더해지면서 더욱 매력적인 성당이 되었다. 한국관광공사는 공세리성당을 '우리나라에서 가장 아름다운 성당'으로 선정하기도 하였다. 이런 평가가 빈말이 아님을 증명이라도 하듯 공세리성당은 지금까지 70여 편의 영화와 드라마의 무대로 등장했다. 대표적인 작품으로는 <모래시계>, <태극기 휘날리며>, <아이리스2>, <청담동 앨리스> 등을 꼽을 수 있다.

옛 사제관과 성가정상. 사제관은 현재 박해시대 유물을 전시하는 박물관으로 쓰이고 있다.

외암민속마을

중요민속자료 제236호로, 아산시에서 남쪽으로 8킬로미터 떨어진 송악면 설화산 아래에 있다. 예안 이씨가 조선 선조 때부터 정착하면서 집성촌이 되었다. 충청도 지방 고유의 반가 고택과 초가, 정원 등이 잘 보존되어 있다. 6킬로미터에 이르는 돌담이 전통 가옥과 마을을 감싸고 있어서 산책하는 즐거움을 더해준다. 중요민속 문화재 제195호 참판댁, 제233호 건재고택, 송화댁, 교수댁 등 전통 가옥과 시내물을 끌여들여 만든 정원을 관람하며 시간 여행을 하기에 안성맞춤이다. 떡메치기, 전통혼례, 문화예술공연 같은 체험 프로그램과 한옥 민박도 운영하고 있다. 주소 충남 아산시 송악면 외암민속길 9번길 13-2 전화 041-540-2654

온양온천

1300년의 역사를 가진 국내에서 가장 오래된 온천이다. 천연 암반층에서 섭씨 57℃에 이르는 약알칼리성 온천수가 솟아오른다. 조선시대에는 세종대왕이 안질과 다리병 치료를 위해 온궁을 짓고 머물었으며, 그 후 현종, 숙종, 영조, 사도세자 등 여러 임금과 왕실 가족의 휴양지였다. 기록에 의하면 온양관광호텔이 있는 자리가 당시 온천 자리였다고 한다. 이 호텔에서 온천 유물인 영괴대영조가 온궁에 행차했을 때 함께 온 사도세자가 무술을 연마하던 곳임을 기념하는 비각을 볼 수 있으며, 행궁전시관에서

©아산시청

그밖의 온궁 유물을 관람할 수 있다. 아산시청에서는 온양온천과 주요 관광 명소를 순환하는 온양온천 시티투어 (1577-6611)를 운영하고 있다. 주소 충남 아산시 온천대로 일원

현충사

아산시 염치면 방화산 기슭에 있다. 이순신 장군이 무과에 급제하기 전까지 살았던 곳이다. 임진왜란의 영웅 충무공을 기리기 위해 충청도 유생들이 숙종에게 상소하여 세우게 된 사당으로, 1707년 왕이 직접 '현충사'라

고 이름 지었다. 충무공의 초상화, 그가 자란 옛집, 무예를 연습하던 활터, 셋째 아들 이면의 무덤, 유물관 등이
있다. 유물관에는 국보 76호 9점난중일기 7권, 임진창회 1권, 서간첩 1권, 장검, 묘대 등 보물 326호 6점과 영정, 교지
등이 전시되어 있다. 영정을 모신 본전에서는 매년 4월 28일에 탄신을 기념하는 다례행제가 열린다.
주소 충남 아산시 염치읍 현충사길 126 전화 041-539-4600

또 다른 여행지 온양민속박물관, 아산스파비스, 파라다이스 스파 도고, 봉곡사, 아산 은행나무길

맛집 RESTAURANT

아산정 장어구이, 장어정식
인주 장어촌 특화거리에 있는 크고 멋진 한옥 장어구이 전문식당이
다. 장어구이는 소금구이와 양념구이 중 하나를 선택하여 주문하면
된다. 장어정식은 2인 이상이어야 주문할 수 있다. 함께 나오는 된
장찌개, 잡채, 전, 삼합, 참게장 등 밑반찬도 하나같이 정갈하고 맛이
좋다. 주소 충남 아산시 인주면 아산만로 1608 전화 041-533-9955 예
산 3만원~4만원

염치정육식당 한우, 돈육, 생등심
아산시 염치읍에 있는 정육점 식당이다. 주요 메뉴는 꽃등심, 생등심,
돼지고기 등이나 육회비빔밥, 갈비탕, 육개장도 맛이 좋다. 염치읍은
한우가 유명한 지역으로 쇠고기 메뉴는 모두 한우만 사용한다. 김치,
된장찌개 등 10여 가지 밑반찬이 맛깔스럽게 나온다. 식사 후 2층 옥
외 정원에서 커피를 즐길 수 있다. 주소 충남 아산시 염치읍 염성길 110
전화 041-542-2768~9 예산 1만원~5만원

큰고개식당 한우, 생등심, 생삼겹살
식당과 정육점을 함께 운영하는 정육점 식당이다. 홀 한쪽이 정육점
이고 나머지에 식사 테이블이 놓여있다. 한우 꽃등심, 생등심, 생삼
겹살이 주요 메뉴이다. 십여 가지의 밑반찬과 된장찌개가 나오고, 일
반 식사로 육회비빔밥, 갈비탕, 육개장 등을 갖추고 있다.
주소 충남 아산시 염치읍 염성길 107 전화 041-541-3391
예산 1만원~5만원

또 다른 맛집 온양평양면옥, 낙원가든, 소나무집, 여명회관, 연춘식당

당진 합덕성당
두 개의 종탑, 사제와 신자를 상징하다

충청도 천주교의 종가_충남 기념물 145호
주소 충남 당진시 합덕읍 합덕성당2길 22
전화 041-363-1061
대중교통 합덕공용버스터미널 근처에서 74, 75, 75-2, 75-3, 76, 77, 79-1, 400, 406, 450,
515, 543번 승차 후 합덕리 정류장에서 하차(약 15분)

합덕성당은 충청도 지역에 세워진 최초의 본당이다. 1890년 퀴를리에1863~1935 신부가
예산군 고덕면에 있던 양촌성당에서 더 좋은 자리를 찾아 지금 위치로 이전1899하면서
이름을 합덕성당으로 바꾸었다. 이전 당시에는 한옥성당이었으나 1929년 7대 주임 페랭
1885~1950 신부가 중국인 기술자들을 데려와 벽돌과 목재를 사용하여 로마네스크 양식으
로 다시 지었다. 성당은 평야 한 가운데에 살짝 솟아오른 구릉 위에 의젓하게 앉아 있다.
합덕성당의 건축적 특징은 종탑에 있다. 오래된 성당 대부분이 종탑 하나를 이고 있는데
이곳은 종탑이 두 개이다. 성당이 제법 우람하고 의젓하게 보이는 것은 구릉 위에 지어서
인 듯하지만, 그보다는 종탑 두 개가 우뚝 솟은 영향이 더 클 터이다. 반대로 건물 자체는
밝고 아기자기하다. 둥근 아치와 연붉은 벽돌은 성당을 부드럽게 연출해주고 출입구와
창 테두리, 버팀벽부축벽과 종탑 모서리에 사용된 잿빛 벽돌은 성당의 표정에 깊이를 더
해준다. 성당 벽과 종탑 각 면에 적용한 마름모꼴 장식은 조형미와 생기를 불어넣고 있다.

합덕성당 제단 벽면에 그림 두 점이 걸려 있다. 오른쪽에는 예수성심상을,
왼쪽에는 예수와 요셉, 마리아를 그린 성가정화를 내걸었다.

충남의 오래된 성당은
모두 합덕에서 분가하였다

성당 내부는 두 줄 열주로 회중석을 삼등분한 전형
적인 삼랑식 구조이다. 천장은 우리나라 성당에서 자
주 보이듯이 중앙은 반원형 배럴볼트둥근 천장이 연속

되는 구조이고, 측랑은 평면 천장이다. 제단 옆 벽면에 그림 두 점이 걸려 있다. 오른쪽에는
예수성심상, 왼쪽에는 예수와 요셉, 마리아를 그린 성가정화를 내걸었다. 성가정화는 이
성당을 신축한 7대 주임 페랭 신부의 사촌이 직접 그려 기증했다고 한다. 그는 이미 세상
을 떠났으나 합덕성당 안팎에는 그의 숨결이 여전히 숨쉬고 있다.

성당 왼편 넓은 정원엔 초가 정자가 평화롭게 서 있다. 정자 안에는 이 지역의 초기 천주

교인을 모델로 삼은 듯한 성가정상을 모셔놓았다. 한복 차림이 친밀하게 느껴진다. 오른쪽 뜰에는 예수님 고난을 표현한 14처 형상이 대리석에 부조로 조각되어 있다. 또 키가 큰 느티나무 아래에는 우리나라 초대 신부인 김대건 신부상이 서 있다. 김대건 신부는 합덕과 지척인 솔뫼 사람이다. 그의 전교와 순교의 후광을 받으며 성당이 성장을 하였으니 그의 동상이 없었다면 오히려 허전할 뻔했다. 성당 뒤편엔 한국식 비석 네 기가 나란히 서 있다. 한국전쟁 때 순교한 페랭 신부와 윤복수 총회장, 송상헌 복사, 그리고 황석수의 순교비이다. 성당 벽 아래와 정원에 붉고 하얀 접시꽃이 피어 있다. 접시꽃의 꽃말은 애절한 사랑이다. 천주를 향한 저 네 사람의 순결하고 애절한 사랑이 접시꽃으로 다시 피어난 것 같다. 문득, 가슴이 뭉클해진다.

한국 천주교 역사에서 합덕성당의 선교적, 신앙적 위치는 건축의 아름다움에 뒤지지 않는다. 1890년 합덕성당의 전신인 양촌성당으로 충청도에 첫 발을 내린 후 1895년 공세리본당을 독립시켰고, 뒤이어 부여 금사리와 서산 동문동, 공주 중동성당을 분가시켰다. 1939년 당진성당이 독립할 때까지 약 50년 가까이 충남에서 신앙의 종가 노릇을 하였다. 합덕성당의 성장과 발전은 '내포의 사도'로 불리는 이존창1759-1801의 전교와 프랑스 신부들의 헌신, 그리고 순교로 신앙을 지킨 평신도들의 믿음이 하나로 엮어졌기에 가능했다. 이존창은 1700년대 말기부터 내포지방이중환은 <택리지>에서 충청도 가야산 이쪽저쪽의 열 개 고을을 내포라고 하였다. 지금으로 치면 아산, 예산, 당진, 서산, 태안, 홍성, 보령 지역을 일컫는다. 내포는 바닷가의 안쪽이라는 뜻이다에 천주교를 전파하였다. 충남 예산군 신암면 여사울의 부유한 양민 가정에서 태어난 그는 사대부 천주교인이자 신유박해1801 때 순교한 권철신·권일신 형제의 제자가 되면서 천주교에 입교하였다. 우리나라 최초의 영세자인 이승훈으로부터 세례를 받은 권일신에게 1785년 봄 '루도비코 곤자가'라는 세례명을 받았다.

내포의 사도 이존창
믿음의 씨앗을 뿌리다.

그는 사제의 서품을 받은 것은 아니나 1786년부터 내포 지방 전교 책임자로 가성직假聖職에 올라 임시 사제의 역할을 하였다. 그가 직접 전교한 사람만 양반, 중인, 상인을 합해 수십 명에 이른다. 가톨릭 200년사에서 한국의 잔다르크로 추앙 받는 복자 강 골롬바천주교 최초의 여성 회장으로 이름은 완숙이다. 주문모 신부를 오랫동안 보좌했으며, 정조의 이복 동생 은언군의 처와 며느리에게 전교하기도 하였다. 신유박해 때 서소문에서 순교하였다. 2014년 8월 프란치스코 교황이 방한했을 때 복자로 추대되었다와 김대건 신부의 증조부 김비오진후도 입교시켰다고 전해진다. 내포지방을 한국 천주교의 종손으로 만든 그는 1801년 공주 감영에서 순교하였다. 그의 고향 예산군 신암면 여사울에 이존창을 기념하는 순교 성지가 있다.

이존창이 내포 지역에 믿음의 씨앗을 뿌린 사람이라면 퀴를리에 신부는 신앙의 싹을 키웠고 페렝 신부는 그 뿌리를 튼튼히 하였다. 퀴를리에 신부는 1890년 양촌으로 파견을 나와 본당을 설립하였으며 그 후 합덕으로 이전하였고 1905년까지 14년간 사목하면서 합덕본당

의 기초를 닦았다. 교세를 확장하여 본당의 기틀을 확립하였다. 한편 1921년 5월에 제7대 주임으로 부임한 페렝 신부는 무려 29년 동안 합덕을 지켰다. 1929년 가을 지금의 아름다운 본당을 낙성하였고, 전교 사업은 물론 교육과 사회 사업에도 헌신하여 향촌 사회로부터 존경을 받았다. 1950년 8월 그러나, 한국전쟁 발발 직후 북한군에게 피랍되어 순교하였다. 잊지 말아야 할 사람들이 더 있다. 수많은 신자들이다. 누구는 순교의 피를 흘리며 스러졌고, 또 누구는 자식과 후손들을 성직자로 키워냈다. 이처럼 숱한 무명 신자들의 열정적인 믿음과 헌신이 없었다면 이존창과 퀴클리에 그리고 페렝 신부의 전교와 사목도 아름답게 피어나진 못했을 것이다. 다시 한번 쌍둥이 종탑을 올려다본다. 페렝 신부가 굳이 두 개의 종탑을 세운 것은 건축적 의미만이 아니라는 생각이 들었다. 박해 시기를 꿋꿋하게 견디고 충청도를 대표하는 성당으로 우뚝 선 상징적 의미를 종탑에 담고 싶었던 것이 아닐까? 저 두 개의 종탑은 열정적인 사제와 애절하게 믿음을 키워온 신자를 뜻하는 것이 아닐까? 사제와 신자들에게 바치는 접시꽃보다 더 아름다운 헌사가 아닐까?

솔뫼성지

솔뫼는 소나무가 뫼를 이루고 있다는 순수한 우리말이다. 한국 최초의 사제인 성 김대건 안드레아 신부의 탄생지이다. 증조할아버지부터 작은 할아버지, 아버지, 그리고 김대건 신부 등 4대의 순교자가 살았던 곳으로 한국의 베들레헴이라 불린다. 김대건 신부는 7세까지 이곳에서 살았다. 15세 때 모방 신부에 의해 신학생으로 선발되어 마카오에서 신학을 공부하고 상해 금가항신학교에서 페레올 주교에게 사제 서품을 받았다. 1845년 조선에 입국한 김 신부는 외국 선교사 영입에 힘을 쏟았다. 1846년 6월 황해도 강령의 순위도에서 외국 선교사 입국을 위한 비밀 해로를 알아보다가 관헌에게 체포되어 1846년 9월 16일 서울 한강변 새남터에서 순교하였다. 1925년 7월 5일 복자에, 1984년 5월 6일 성인에 추대되었다. 1906년 합덕성당 크램프 신부가 성 김대건 신부의 순교 60주년을 맞이하여 생가터를 고증하였고, 1946년 순교 100주년을 맞이하여 순교 기념비를 세우면서 성지가 조성되기 시작하였다. 현재 충청남도 지정문화제 제146호이며, 1만여 평의 소나무 군락지와 김신부 생가가 복원돼 있다. 기념관, 성당, 솔뫼 아레나야외 공연장 겸 야외 성당, 순례자 식당 그리고 주차장을 갖추고 있다. 2014년 8월 프란치스코 교황이 이곳을 방문하였다.

주소 충남 당진시 우강면 솔뫼로 132 전화 041-362-5021,~2

추사고택

추사의 증조부 김한신이 1700년대 중반에 건립한 53칸 규모의 대갓집으로, 김정희가 태어나서 성장한 곳이다. 안채와, 사랑채, 문간채 그리고 사당채가 있다. 추사 김정희는 1786년 이조판서 김노경의 아들로 태어났다. 조선 후기의 대표적 서예가로 벼슬이 병조참판과 성균관 대사성에 이르렀다. 당쟁에 휘말려 제주도와 함경도 북청에서 20년 가까이 유배 생활을 했다. 말년에는 생부 김노경의 묘소가 있는 과천에서 지내다 1856년 10월 10일

작고하였다. 그는 금석학에도 뛰어나 북한산 기슭의 비석이 신라 진흥왕의 순수비임을 고증하였다. 독특한 추사체를 개발하여 지고의 경지에 올랐으며, 제주 유배지에서 그린 수묵화 <세한도>는 나라에서 국보 180호로 지정할 만큼 가치가 뛰어난 작품이다. 고택 주변에 기념관과 체험관이 있고, 백송천연기념물 106호, 25세 때 추사가 청나라 연경에서 가져온 씨를 고조부 묘소에 심은 것이다이 있다.

주소 충청남도 예산군 신암면 추사고택로 261 전화 041-339-8241

왜목마을

당진시 석문면 아산만에 접해 있는 해안가 마을이다. 특이하게도 일출과 일몰을 동시에 볼 수 있는 곳이다. 동해안 일출은 장엄하고 열정적이지만 왜목마을 일출은 부드럽고 서정적이다. 왜목마을 뒤편에 있는 석문산 79미터에 오르면 일년에 약 180일 정도 일출과 일몰을 볼 수 있으며, 매년 12월 31일과 1월 1일에 마지막 해를 보내고 새해를 맞는 축제가 열린다. 해안선을 따라 데크를 설치해 놓아 산책하기에 좋다. 당진버스터미널에서 1시간 간격으로 왜목마을행 버스가 있다. 주소 충남 당진시 석문면 왜목길 26

또 다른 여행지 파라다이스 스파 도고, 삽교호

맛집 RESTAURANT

미당 한정식

합덕성당에서 자동차로 7분 거리에 있다. 넓은 마당 한 구석에 장독대를 설치해 놓았는데, 장을 직접 담아서 사용한다는 것을 은연중에 보여준다. 식당 북쪽을 넓은 창으로 처리하였는데 직접 경작하는 밭이 훤히 내다 보인다. 분위기에 맞게 깔끔한 음식이 순서대로 나온다. 자연 조미료를 사용하기 때문에 음식 맛이 담백하며 식사 뒷끝도 깨끗하다. 식사 후 뒷편 밭과 야산 산책로를 걸으며 도시의 때를 씻어내기를 권한다. 주소 충남 당진시 합덕읍 합덕대덕로 502-22 전화 041-362-1500 예산 1만5천원~5만원

게눈감추듯 간장게장, 꽃게탕

간이 심심한 간장게장에 갓 지은 돌솥밥이 맛갈스럽게 차려나온다. 청국장찌깨, 생선구이, 구운 김, 김치, 나물 같은 밑반찬도 정갈하게 나온다. 돌솥밥을 짓는데 시간이 소요되므로 미리 주문해 놓으면 편하다. 식사를 하는 동안 솥에 물을 부어 누른밥을 만들어 먹는 것도 일미다. 꽃게탕과 갈치조림, 구이 메뉴도 있다. 간장게장을 포장 판매한다. 주소 충남 당진시 송악읍 안섬포구길 24-4 전화 041-356-0036 예산 3만원

장수꽃게장 간장게장, 꽃게무침

당진 시내 터미널 근처에 있다. 깊이 숙성된 간장게장 맛이 일품이다. 꽃게무침은 게를 고추장 양념에 무친 것으로 일종의 양념게장이다. 된장찌개, 전류, 젓갈, 멸치조림, 김 등 밑반찬이 맛갈스럽다. 공기밥은 별도로 주문해야 한다. 꽃게탕, 꽃게찜, 꽃게범벅 메뉴도 있다. 꽃게장과 꽃게무침은 포장판매도 한다.
주소 충남 당진시 중앙2로 244 전화 041-355-3014 예산 3만원

또 다른 맛집 뜰마루, 당진제일꽃게장

©전성으

서산 동문동성당

절제와 간결함의 미학

작은 것이 아름답다 _ 등록문화재 321호
주소 충남 서산시 서령로 53
전화 041-669-1002
대중교통 서산시외버스터미널에서 걸어서 10분

서산. 서해가 가까이 있어서 얻은 이름이라 짐작했는데 알고 보니 상서로운 고을이라는
뜻이다. 땅이 기름지고 형세도 아름다워 선녀가 비파를 타는 '옥녀탄금형' 길지라고 한다.
서산은 역사도 깊어 마한 때 이미 '치리국국'이라는 소국이 있었다. 백제 때는 당진과 더
불어 중국으로 가는 관문이었다. 사람을 따라 불교문화도 들어와 공주와 부여로 전해졌
다. '백제의 미소'로 더 잘 알려진 서산마애삼존불이 이를 그윽한 표정으로 증언해준다.
신라 말에는 고운 최치원이 이곳에서 태수를 지냈다.

외국 문물을 받아들이는데 거리낌이 없는 전통 때문이었을까? 자존심 강한 충청도 고을
이지만 서산은 다른 내포지방이 그랬듯이 서양문화도 기꺼이 받아들였다. 서산의 개방성
을 보여주는 대표적인 상징물이 동문동성당이다. 이 성당은 병인박해1866 때 해미에서 순
교한 신자들의 첫 안식처이기도 했다.

서산시청을 지나 조금 더 가자 이윽고 성당이 나타났다. 안 뜰로 들어서니 성당의 역사와
같이 했을 아름드리 벚나무 두 그루가 먼저 나와 반겨준다. 미사포를 쓴 수녀처럼 청초한

흰색 성당이 벗나무에 얼굴을 반 쯤 가린 채 수줍게 눈인사를 받아준다. 성당 아래에 후광을 두른 성모상이 서 있고 오른 쪽에는 이 성당의 주보성인인 수호천사상이 있다. 계단에 핏자국이 얼룩얼룩하다. 깜짝 놀라 살펴보니 버찌가 떨어져 계단을 붉게 물들여 놓았다. 계단을 오르자 키가 크고 평평한 바위 기념비가 서 있다. 1956년 해미읍성 서문 밖에서 옮겨온 '자리개돌'이 다시 돌아가자 그 빈자리에 기념비를 세웠단다. 그 앞에 순교자들의 피가 배어있는 듯한 형구도 하나 놓여있다.

순교자 유해 발굴하고
해미성지의 주춧돌 놓다

운 좋게도 마음씨 좋게 생긴 마르코 주임 신부에게 '자리개돌'에 대해 설명을 들을 수 있었다. 주임 신부는 특유의 충청도 사투리까지 섞어가며 친절하게 설명해 주었다. '자리개돌'에 얽힌 슬프고도 끔찍한 사연을 시간 가는 줄 모르고 들었다. 해미읍성 서문 밖 개천에 커다란 돌다리가 놓여 있었다고 한다. 병인박해 때 읍성 감옥에 수감되어 있던 교인들은 이 다리를 지나 형장으로 끌려가거나, 또 간혹 이 다리 위에서 처형을 당하기도 했다. 사형 집행자들은 신자들의 사지를 붙잡고 넓적한 돌다리 위에 내리쳐서 숨지게 하였다. 신자들이 처형당하는 모습이 마치 곡식단을 내리치며 타작하는 자리개질과 비슷하다고 해서 이 형벌을 '자리개형', 그 돌을 '자리개돌'이라 불렀다. 수십 수백 순교자의 피를 머금은 까닭에 이 돌은 지금도 비가 내려 물에 젖으면 붉은 빛을 띤다고 한다. 1956년 서산 지역 신자들이 동문동성당으로 옮겨 보관하다가 1986년 본래 자리해미읍성로 돌려놓았다. 지금은 다시 옮겨져 프란치스코 교황도 다녀간 해미성지에 있다. 성당 계단의 버찌 핏자국과 자리개돌이 겹치며 순간 오싹한 기운을 느꼈다. 수많은 순교자의 비명과 울부짖음이 들리는 듯하다. 그들의 삶과 믿음, 그리고 피와 고통을 생각하며 조용히 기념비를 쓰다듬는다.

절제와 간결미가 돋보이는 동문동성당 내부. 2008년 본당 설립 100주년을
기념하여 성 김대건 신부의 유해 일부를 제대 옆에 안치했다.

동문동성당은 순교자 유해 발굴에 앞장을 섰다. 신자와 당시 주임이었던 베드로 신부는
1935년 해미 하천변에 생매장 되어있던 순교자들의 유해를 고증에 따라 세 곳에서 발굴
하고 수습하여 지금의 해미순교성지로 이장하는 작업에 주도적으로 참여하였다. 마르코
신부의 설명을 듣고 있자니 처음 왔는데도 이 작은 성당에 자꾸 정이 간다.

동문동성당은 1908년 홍성군 구항면 공리에서 수곡성당으로 출발하였다. 이후 서산시
팔봉면, 금학리, 응암면 상흥리를 거쳐 1934년 지금의 자리로 이전하였다. 현재 본당 건물
은 파리외방전교회 소속 베드로 신부가 주임으로 있던 1937년 가을에 지은 것이다. 명동
성당이나 전동성당처럼 오래된 성당에서 흔히 볼 수 있는 벽돌 성당이 아니라 특이하게
도 콘크리트 구조이다. 모르타르 위에 수성 페인트를 칠하여 외부를 마감하였으며, 내부

는 바실리카형공간을 회중석과 제단으로 나누고, 장방형 평면에 두줄 기둥을 세워 회중석을 중앙과 양 측면으로 삼등분하는 건축 양식 3랑식으로 구성하였다. 종탑 구조도 조금 독특하다. 일반적으로 종탑은 성당 본체 앞으로 조금 튀어나와 있는데 동문동성당은 본체와 일체를 이루고 있다. 종탑 아래 중앙과 좌우에 세 개의 아치형 출입구를 만들었다.

단순하고 소박해서 더 아름다운 하얀 성당

동문동성당은 장식을 지극히 절제하였다. 장미창 하나 없고 그 흔한 벽돌 성당도 아니다. 창문도 특별히 장식하지 않고 있지만 통일된 느낌을 주고 있다. 외벽, 종탑, 창 모두 단순하고 꾸밈이 없다. 하지만 아름답다. 1930년대 성당 건축이 이룬 독특하고 예외적인 모더니티가 아닐까 싶다. 나는 오늘 절제와 간결의 건축 미학을 아름답게 체험했다.

성당 안으로 들어갔다. 실내가 좀 어둡다고 생각하는 순간, 지구본처럼 생긴 수십 개의 전등이 마치 마법처럼 한꺼번에 켜졌다. 밝은 분위기에서 실내를 살펴보라는 주임 신부의 배려였다. 몇 차례 보수를 했지만 변한 것이 거의 없단다. 언젠가 바뀐 감실과 제대를 준공 당시로 되돌리고, 제대 옆에 본당 설립 100주년기념사업의 하나로 성 김대건 신부의 유해 일부를 안치한 게 변화라면 변화라고 했다. 아, 이 성당 정말 마음에 든다. 내 마음이 따스하고 온화하다.

성당을 나와 뒤뜰로 들어섰다. '바로동산'이다. 성당 건립자인 바로 베드로 신부 이름을 따서 만들었다. 베드로 신부는 1946년 1월 열병으로 사경을 헤매던 신자에게 병자성사와 성체를 전해 주었다. 하지만 환자가 성체를 넘기지 못하고 뱉어내자 이를 대신 영하고 전염병에 감염되어 선종했다. 신부의 신심과 업적을 기리기 위해 2007년 7월에 성당 뒤편에 동산을 만들었다. 바로동산을 따라 오르면 바로 신부의 묘비와 한국전쟁 때 인민군에

바로동산에서 바라본 동문동성당. 한국식 묘비와 서양식 성당의 조화가 이채롭다.
한국과 서양이 어우러져 하나의 극적인 풍경을 연출하고 있다.

게 체포되어 압송되다가 폭격을 당해 행방을 알 수 없는 '요한 콜랭 신부의 추모비가 나란히 서 있다. 그들이 죽음도 두려워하지 않고 지키고자 했던 소망을 알 것 같아 마음이 숙연해진다. 바로동산에서 성당을 내려다보면 한국식 묘비와 서양식 성당의 조화가 이채롭다. 한국과 서양이 어울려 하나의 풍경을 연출하는 극적인 광경이다.

다시 성당 안 뜰로 내려섰다. 누군가 100주년 기념 성당사를 건넨다. 무심코 들쳐본 책장에는 벚꽃이 흐드러지게 핀 성당 앞에서 촬영한 결혼식 사진이 눈길을 잡는다. 흑백 사진이었음에도 그 화사한 벚꽃의 자태를 손색없이 느낄 수 있다. 내년, 벚꽃이 피는 어느 날 밤에 다시 와 나만의 벚꽃놀이를 해 볼 생각이다. 기필코!

주변 여행지 TOURISTIC SITE

해미성지

1800년대 박해 시절 순교한 내포지방 신자들을 기리는 성지이다. 해미읍성에서 약1킬로미터 거리에 있다. 1935년 발굴을 통해 유골과 유물을 확인한 생매장터이다. 이곳을 '여숫골'이라 부르는데, 신자들이 죽음의 길을 걸으며 '예수 마리아'를 부르며 기도하는 것을 사람들이 '여수 머리'로 듣고 여숫골이라 칭한 데서 유래했다. 해미천을 따라 조성된 기념 공원 형태로 성지 안에는 순교를 기념하는 성당과 조형물, 유적 등이 있다. 2014년 8월 17일 한국을 방문한 프란치스코 교황이 이곳을 방문하여 아시아 주교들과 대화를 나누었다. 광화문 시복미사에서 해미 지역 순교자 세 분이 복자품에 올랐다.

©진미금

주소 충남 서산시 해미면 성지1로 13 전화 041-688-3183

해미읍성

평지와 구릉에 쌓은 아름다운 돌성이다. 2014년 8월 17일 프란치스코 교황이 이곳에서 아시아청년대회 미사를 집전하였다. 해미읍성은 왜구의 침입을 막기 위해 태종 말1417부터 세종 3년 사이에 축성되었다. 1652년 청주로 옮겨가기 전까지 230여 년 동안 병마절도사영이 있었다. 그 후엔 해미현 관아와 내포지방의 군사권을 행사하는 호서좌영이 있었다. 박해 시대 많은 천주교인들이 모진 고문을 당하다 읍성 감옥에서 순교하였다. 성 안에 있는 회화나무에 교인들을 매달아 처형하기도 했다. 충청

©진미금

남도 기념물 172호인 회화나무는 지금도 푸르게 살아 그때의 참혹함을 증언하고 있다. 동헌과 객사와 감옥을 비롯한 천주교 박해 유적도 남아있다.

주소 충남 서산시 해미면 남문2로 143 전화 041-660-2540

서산마애여래삼존불

흔히 '백제의 미소'로 알려진 백제시대 최고의 마애불이다. 서산시 운산면 가야산 용현 계곡에 있다. 층암절벽에 여래입상을 중심으로 오른쪽에 보살입상, 왼쪽에 반가사유상이 조각되어 있다. <법화경>에 나오는 석가와 미륵, 제화갈라보살을 표현한 것으로 추정하고 있다. 마치 살아서 미소를 짓는 것처럼 사실적이며, 따뜻함과 자비

로운 분위기가 보는 이를 감동하게 한다. 부드러운 윤곽선, 세련된 조형 감각, 그리고 유머와 위트까지 담아낸 불교 조각의 걸작이다. 국보 84호이다. 주소 충남 서산시 운산면 마애삼존불길 65-13 전화 041-660-2538

또 다른 여행지 개심사, 보원사지, 서산한우목장, 간월암, 서산방조제, 삼길포항

맛집 RESTAURANT

©이학균

산해별미 우럭젓국, 간장게장
우럭젓국과 간장게장이 맛있기로 소문난 맛집이다. 동문동성당과 서산공용버스터미널에서 가깝다. 우럭젓국은 쌀뜨물에 무와 마른 우럭을 넣고 끓인 후 새우젓으로 간을 한 일종의 탕으로 맛이 담백하고 시원하다. 간장게장도 우럭젓국 못지않게 담백하다. 알이 밴 꽃게는 크고 싱싱하며, 무엇보다 짜지 않고 비린내도 나지 않는다. 주인 모자의 마음씨도 넉넉하고 음식에 대한 설명을 곁들여주는 등 무척 자상하고 친절하다. 메인 음식에 따라 나오는 굴젓, 열무김치, 장아찌 등도 하나같이 맛이 좋다. 간장게장과 마른 우럭을 택배 판매도 하고 있다. 주소 충남 서산시 대사동5로 10 전화 041-663-7853 예산 2만5천원~5만원

삼기꽃게장 꽃게장, 꽃게탕
40년 전통의 꽃게장 전문 식당이다. 대표 메뉴는 간장게장과 꽃게탕 두 가지이다. 게장은 3년 삭힌 어리굴젓장으로 담궈 양념이 짜지 않고 감칠맛이 난다. 꽃게탕은 각종 야채와 끓여 시원하고 칼칼한 맛이 나며 정갈하게 나오는 밑반찬도 제법 맛이 좋다. 후식으로 나오는 식혜도 맛있다. 간장게장, 양념게장, 어리굴젓을 택배로 판매한다. 첫째, 셋째 주 일요일은 휴무이다. 주소 충남 서산시 고운로 162 전화 041-665-5392 예산 2만 5천원~5만원

©진미금

수복식당 물냉면, 비빔냉면
일명 '만허유 식당'으로 불리우며, 3대를 이어 물냉면과 비빔냉면 두 가지 메뉴만 판매하고 있다. 서산특산물인 생강을 넣어 끓인 육수가 특이하다. 면발이 부드럽고 야들야들하여 목 넘김이 좋다. 비빔양념장도 맛있다. 돼지고기와 계란을 고명으로 얹는다. 주소 충남 서산시 부석면 취평2길 15-8 전화 041-662-4128 예산 1만원 이내

또 다른 맛집 오뚜기횟집, 소박한밥상, 반도회관, 청원식당, 읍성뚝배기, 영성각, 큰마을영양굴밥

예산성당

잘 생긴 남자를 닮았다

직선의 미학_충남 기념물 204호
주소 충남 예산군 예산읍 예산로 161번길 10
전화 041-332-2564
대중교통 예산역과 예산종합버스터미널에서 택시로 10분 이내

무심코 오르내리던 길이었는데 오늘은 예산으로 가는 풍경이 새롭게 다가온다. 들판이 펼쳐지는가 싶다가 낮은 구릉 지대가 나오고, 그러다가 다시 푸른 들판이 나타난다. 이중환은 <택리지>에서 "서쪽으로는 바다가 있고, 동쪽으로는 큰 들판으로 이루어져 있어 땅이 기름지고 평평하며, 생선과 소금이 매우 흔하여 부자가 많고 여러 대를 이어 사는 사대부 집이 많다."고 적고 있는데 이곳이 바로 천주교의 못자리, 내포지방이다.

내포지방은 일찍이 천주교가 전래될 수 있는 여건을 두루 갖추고 있었다. 무엇보다 새로운 사고를 접할 기회가 많았다. 사대부들이 관직에서 물러나면 서울에서 가깝고 길이 편한 충청도에 정착하여 앞선 지식과 정보를 수혈해준 까닭이다. 특히나 내포지방은 시대 변화에 능동적이었던 기호남인의 최후 거주지였는데, 이런 배경 덕에 실학사상과 천주교가 일찍부터 뿌리를 내릴 수 있었다.

내포의 사도 이존창
그를 기념하는 여사울성지

내포지방의 천주교 역사에서 빼놓을 수 없는 사람
이 '내포의 사도' 이존창 루도비코, 1752~1801 이다. 그를
만나기 위해 여사울성지로 방향을 잡았다. 여사울은
이존창의 생가터이자 충청도에 복음이 처음 전해진 곳이다. 충남 예산군 신암면 여사울.
몇 해 전 지은 성당과 야외 미사 공간, 예수십자가상, 성모상, 여사울유적비를 둘러보았다.
이존창은 충청도를 넘어 한국 천주교 역사에 큰 족적을 남긴 사람이다. 우리나라 최초의
사제인 김대건 신부와 최양업 신부가 이존창 집안이라는 사실만 보더라도 그가 뿌린 씨가
얼마나 깊고 튼튼한 지 알 수 있다.

여사울성지를 나와 예산성당으로 향했다. 다시 넓은 평야가 펼쳐진다. 저 들판을 다 지나면 마음까지 초록빛으로 물들 것 같다. 투명한 하늘과 푸른 바람에 흠뻑 취할 즈음 자동차가 예산 읍내로 들어섰다.

성당으로 가는 길은 살짝 오르막이다. 넓은 길을 따라 올라가자 교육관과 유치원, 성모상이 시야에 들어온다. 하얀 성모상과 그 뒤로 부챗살처럼 펼쳐진 느티나무가 인상적이다. 성당은 향나무와 느티나무에 몸을 가리고 있어 제 모습을 다 보여주지 않는다. 교육관을 지나 천천히 성당을 향해 걸어갔다.

마침 미사를 마치고 신자들을 배웅하는 신부님께 성당 애기를 부탁드렸다.

"여기는 이제 80년밖에 안 돼서 할 애기가 별로 없어요. 합덕과 공세리성당이 가까이 있어서……"

신부님 하는 말이 충청도 사람처럼 겸손하다. 하지만 예산성당은 건축도 아름답고 내력도 만만치 않다. 예산성당은 1928년 5월, 합덕성당에서 분리된 후 제2대 황정수 신부가 부임하면서 현재의 모습으로 변모를 시작한다. 1933년에 지금 위치에 건축 공사를 시작하여 1934년에 완공하였다. 시공은 중국인 기술자들이 하였고, 현장에서 붉은 벽돌과 회색 벽돌을 직접 구워 사용하였다고 한다. 정면 중앙에 세운 3층 종탑은 고딕 요소에 로마네스크 양식을 보탰다. 중앙엔 붉은 벽돌로 쌓고, 모서리는 회색 벽돌로 두텁게 둘렀는데 직선적인 느낌이 강해 눈 맛이 시원하다. 종탑과 성당 벽 곳곳에 아치창이 달려있다. 지붕엔 뾰족한 삼각형 환기창이 나있는데 무언가를 빼꼼 쳐다보는 것 같다.

기도하는 마음으로 성당 안으로 들어갔다. 시험장에 들어서는 수험생처럼 성당에 들어설 때마다 마음이 떨린다. 내부는 창문으로 들어오는 햇빛 만으로도 그리 어둡지 않다. 그런데도 뒤따라 들어온 수녀님이 전등을 밝혀주었다. 갑자기 성당 안이 축복을 받은 것처럼 환해졌다. 천주교를 처음 접하고 새로운 세상에 눈을 뜬 내포 땅 초기 신자들의 마음이 이와 같지 않았을까 싶었다.

선 굵은 남성미
투박하지만 매력적인

초기 우리나라 성당 구조에서 많이 보이는 것처럼 예산성당도 제단을 북쪽에 두고 입구는 남쪽에 내었다. 내부 구조는 전형적인 라틴십자형 3랑식이다. 바닥은 마루이고 천장은 반원형 베럴 볼트반원 아치가 연속되는 구조라서 실내 공간이 높고 환한 느낌을 준다. 창문과 창문 사이 내벽엔 아치형 황동으로 만든 십자가의 길이 걸려 있다. 부조 형태가 입체감과 사실감을 준다. 성당을 나오기 전 마지막으로 제대부를 살펴 보았다. 십자가에 못박힌 예수상 아래 제대만 놓여있을 뿐 특별히 꾸미거나 장식하지는 않았다. 느낌이 소박하고 간결한 게 여백의 미가 느껴져 오히려 마음이 더 끌렸다.

성당 뒤편으로 가면 작은 정원이 있다. 이곳에 십자가의 길이 또 하나 있다. 화강암을 부조하여 만든 것인데 그림이 단순하고 동화 같다. 부조가 너무 단순하여 신자들이 이해하기 어려울까 염려해서였을까? 14처마다 친절하게 한글로 이름을 달아놓았다. 유치원 아이들이 느티나무 아래에서 병아리처럼 재잘거리며 마당에서 웃고 떠들고 깡총깡총 뛰며 놀고 있다. 깔깔거리는 아이들 웃음소리가 성당 가득 생기를 불어넣는다. 나도 따라 배시시 웃는다. 그래. 저 웃음소리보다 더 좋은 복음이 또 어디 있겠는가.

다시 한번 성당을 둘러보았다. 가까운 거리에 있는 공세리성당과는 성격과 표정이 많이 다르다. 공세리성당은 선이 가늘고 아기자기하다. 비유하자면 곱고 날씬한 여성을 닮았다. 이에 비해 예산성당은 조금 투박하고 힘이 느껴진다. 근육을 잘 다듬은 믿음직한 남자를 보는 것 같다. 충청남도는 예산성당의 다양한 건축적 의미를 살리기 위해 2004년 기념물 제204호로 지정해 보호하고 있다.

느티나무 그늘에 앉아, 누구에게나 넉넉한 품을 내어주는 쉼터 같은 성당을 보며 잠시 생각에 잠겼다. 오늘 아침 유난히 까치소리가 맑았던 것은 내 영혼의 때가 한 겹 벗겨질 것을 미리 알려준 신호가 아니었을까? 까치가 대신 전해준 것은 들판처럼 푸른 복음이 아니었을까? 마음이 가볍다. 귀경길을 새처럼 날아서 갈 수 있을 것 같다.

주변 여행지 TOURISTIC SITE

여사울성지

내포지방에 처음 천주교를 전한 이존창 루도비코의 생가터에
세운 성지로 한적한 농촌마을 한가운데에 꾸며진 작은 동산 같
다. 성지터 앞쪽에 여사울성지 표지석이 있고 왼편에 내포의 사
도 이존창유적비가 있다. 조그만 언덕에 예수상이 있고, 그 앞은
돌로 만든 제대가 있는 야외 미사 공간이다. 제대 옆에는 한국
천주교회 124위 시복에 즈음하여 여사울공동체에서 세운 '내포
천주교복음첫터'라는 비석이 있다. 동산 둘레를 따라 십자가의

길을 조성해 놓았다. 여사울성지 맞은 편에 몇 해 전에 지은 이국적 모양의 성지성당이 있다. 여사울성지는 충
청남도 기념물 177호이다. 주소 충남 예산군 신암면 신종여사울길 22 전화 041-332-7860

윤봉길의사 생가와 기념관

윤봉길 의사는 1908년 덕산에서 태어나 19세에 고향에서 야학
을 개설하여 농촌계몽운동을 시작했다. 하지만 계몽만으로 독립
을 이룰 수 없다고 판단하고 중국으로 망명하여 의열 투쟁에 몸
을 던진다. 1932년 중국 홍커우 공원에서 일제의 천장절 일왕 생일
겸 상하이사변전승기념식장을 폭파하는 의거를 거행하였다. 윤
봉길 의사의 생가는 사방이 냇물에 둘러싸여 언뜻 보아도 터가 좋
고 경치도 아름답다. 그는 이곳을 도중도 島中島, 한반도의 가운데 섬

라 불렀다. 도중도 못 미쳐 그가 자란 저한당이 먼저 보이고, 다리를 건너면 도중도에 그가 태어난 광현당이 있
다. 저한당은 한국을 구한다는 뜻이고, 광현당은 덕이 밝게 드러난다는 뜻이다. 생가 건너편에 윤봉길 의사를 기
념하고 독립운동 역사를 전시하는 충의사가 있다. 주소 충남 예산군 덕산면 덕산온천로 183-5 전화 041-339-8233

예당저수지

1964년에 완공된 우리나라 최대 저수지로 둘레가 40킬로미터에
달한다. 예당평야에 물을 대기 위해 만들었다. 예산군과 당진군의
이름을 따서 예당저수지로 이름을 지었다. 아침에 물안개가 피어
오르면 신비로운 풍경이 펼쳐져 영화와 드라마의 배경으로 많이
등장하며, 사진가와 강태공의 발길이 끊이지 않는다. 조각공원과
캠핑장, 출렁다리와 산책길도 조성되어 있다. 가족 나들이나 연인
들의 데이트 코스로 좋다. 주변에 백제 멸망의 한이 서린 임존성이
있다. 주소 충남 예산군 응봉면 후사리 448-1 전화 041-339-8282

또 다른 여행지 덕산온천, 리솜스파캐슬, 수덕사, 추사고택

맛집 RESTAURANT

삼우갈비 소고기, 설렁탕, 냉면

예산 3대 갈비집 중 하나로 꼽힌다. 고기를 직접 구워 내오는 게 특징이다. 안으로 들어가면 넓은 홀이 나오는데 식탁이 없고 고기를 굽는 커다란 불판이 보인다. 방에서 주문을 하면 이곳에서 고기를 굽는다. 손님이 굽지 않아 옷에 냄새가 밸 염려가 없다. 고기가 부드러워 씹히는 맛이 좋다. 아삭하게 씹히는 무장조림 맛이 일품이며 어리굴젓도 짜지 않아 좋다. 갈비를 주문하면 설렁탕 국물도 함께 준다. 냉면, 소면, 갈비탕, 설렁탕, 굴탕도 같이 판다.

주소 충남 예산군 예산읍 임성로 23번길8 전화 041-335-6230 예산 8천원~3만6천원

또순네식당 밴댕이찌개, 주꾸미무침

오래된 맛집이 대개 그렇듯 외관은 허름하나 대를 이어 운영하는 전통 있는 집이다. 뚝배기에 푹 끓인 밴댕이찌개 맛이 일품이다. 국물도 짜거나 싱겁거나 달거나 텁텁하지 않다. 시원하고 개운하다. 밴댕이가 10여 마리나 되어 꽤 푸짐하다. 인심도 좋아 더 달라고 하면 한 국자 듬뿍 퍼준다. 밑반찬으로 나오는 어리굴젓, 생선구이, 꽃게장, 장아찌, 각종 나물도 다 맛있다. 그냥 발라 멀어도 되고 상추에 싸서 먹어도 좋다. 마지막에 나오는 구수한 누룽지를 먹고 나면 포만감에 절로 행복해진다. 주꾸미볶음, 간재미무침도 먹을 수 있다. 주소 충남 예산군 덕산면 봉운로 25 전화 041-337-4314 예산 8천원~3만원

입질네어죽 어죽, 민물매운탕

어죽은 충청도 고유 음식의 하나로 알려져 있다. 민물고기를 푹 고은 국물에 밥과 소면을 넣어 끓인 후 들깨가루를 듬뿍 얹어 내온다. 국물은 해장국처럼 걸쭉하고 다소 매콤하지만 양념이 강하지 않아 먹는데 부담이 없다. 밥과 면, 국물까지 함께 먹을 수 있어 한 그릇이면 배가 든든해진다. 이 집뿐만 아니라 어죽을 하는 식당은 대부분 빠가사리동자개를 비롯한 민물매운탕도 함께 판매하고 있다. 어죽 1인분에 7천원이다.

주소 충남 예산군 덕산면 가루실길 30 전화 041-337-5989 예산 7천원~3만5천원

또 다른 맛집 소복갈비, 삼선식당, 수덕식당, 고덕갈비, 중앙식당

공주 중동성당

한편의 시를 닮았다

조형성과 고전미가 뛰어나다 _충남 기념물 142호
주소 충남 공주시 성당동쪽길 6
전화 041-856-1033
대중교통 공주종합버스터미널에서 택시로 10분 이내
공주역에서 200번 버스 승차 후 중동초등학교 하차

유월, 머리가 혼미해질 만큼 진한 밤꽃 냄새가 후욱 다가오면 표지판을 보지 않아도 공주 땅에 들어왔음을 알 수 있다. 공주는 그렇게 향기로 사람을 반긴다. 공주는 한때는 백제의 수도였고 1598년 충주에 있던 충청감영이 옮겨온 뒤로는 330년 동안 충청도의 심장 역할을 하였다. 그러나 1931년 도청이 대전으로 옮겨간 이후, 공주는 조용히 뒷방으로 물러나 앉은 여배우처럼 화려했던 옛 기억을 회상하는 그런 도시로 느껴졌다. 하지만 속살을 자세히 들여다 보고 나니, 역사의 날줄과 씨줄이 교차하는 이 도시는 특유의 무늬와 표정을 가지고 있었다. 옛 도시라서 고지식할 것 같지만 공주는 의외로 종교적인 포용성이 남다른 도시다. 삼국시대부터 불교의 중심지였는데, 시내에 있는 대통사 당간지주가 이를 증명하고 있다. 갑사와 동학사, 마곡사 같은 큰 사찰도 품고 있다. 공주는 충청도를 대표하는 유학의 고장이기도 하였다. 이 도시는 많은 유학자와 사림을 배출하여 조선 정치의 한 축을 담당하였다. 어디 그뿐인가. 계룡산 남동쪽 기슭에 있는 신도안은 한때 수많은 신흥종교의 수도였다. 지금도 풍수도참을 믿는 사람들이 유토피아를 꿈꾸며 이곳

을 지키고 있다. 동학과도 인연이 깊어서 공주 남쪽 관문 우금치는 동학농민군과 관군 사이에 가장 큰 전투가 벌어진 곳이다. 이 도시는 다른 지역보다 천주교도 일찍 받아들였다. 얼핏 생각하면 완고할 것 같지만 놀랍게도 공주는 불교·유교·동학, 심지어는 이름조차 모르는 신흥종교까지 선입견 없이 수용하였다. 이 같은 개방성이 외래 종교인 천주교를 일찍부터 품게 한 것이 아닐까 싶다.

내포의 사도 이존창   연무로 가득한 길을 달리며 이존창루도비코, 1752~1801을
공주에서 스러지다   생각했다. 그는 충청도에 최초로 복음을 전하고 전교에
       절대적인 공헌을 하여 '내포의 사도'로 불린다. 1795년
서울로 잠입한 주문모 신부를 찾아가 충직한 협력을 아끼지 않았다. 그는 고문과 연금 생활을 반복하다가 신유박해1801 이후 충청도 신자들에게 경각심을 주려는 조선 정부의 계획에 따라 공주 황새바위에서 참수당했다. 그때 그의 나이 겨우 43세였다.

이존창의 죽음은 공주 지역 순교 역사를 알리는 서막이었다. 천주교에서는 신유박해를 시작으로 병인박해1866 때까지 약 1,000여 명이 공주에서 순교한 것으로 추정하고 있다. 순교의 역사는 1879년까지 80년 동안 이어졌다. 충청도 각 지역에서 잡혀온 천주교인은 감영으로 이송되었다가 배교를 거부하면 황새바위에서 사형을 시켰다. 공주에는 이존창이 참수형을 당한 황새바위순교성지와 중동성당을 비롯해 순교터가 여섯 곳이나 있다.

중동성당은 '국고개'라 불리는 고갯길 옆에 있다. 효성 지극한 아들이 이웃에서 국을 얻어 급하게 가다가 넘어지자 굶고 있는 어머니를 생각하며 눈물을 흘렸다는 전설이 있는 곳이다. 검정 벽돌로 만든 첨두형 아치 출입문이 여행객을 맞아준다. 가운데 큰 아치가 주 출입구이고, 어깨동무 하듯 양 옆으로 작은 아치를 하나씩 데리고 있다. 출입구부터 경사가 제법 급한 붉은 벽돌 계단이 이어진다. 아치형 정문과 색 대비를 이루는 모습이 인상적이

다. 계단은 위로 갈수록 폭이 좁아지다가 중간쯤에서 왼쪽으로 방향을 살짝 틀고 있는데 원근감과 입체감을 살린 설계자의 안목이 돋보인다.

계단을 오르다 잠시 돌아보면 공주 시내가 눈에 들어온다. 숨을 고르며 계단을 다 오르면 길쭉하고 미끈하게 생긴 고풍스런 성당이 그제야 제 모습을 보여준다. 외벽은 붉은 벽돌이고 버팀벽과 창틀은 검정 벽돌이다. 종탑과 창문 모양만 보아도 고딕식 건축임을 금방 알 수 있겠다. 조금 전 지나온 정문을 왜 뾰족 아치로 만들었는지 이제야 알 것 같다. 소설 용어로 비유하면 그것은 일종의 복선이었다. 뾰족 정문과 첨두형 아치창. 정문 설계자는 이렇게 하여 처음과 끝이 동일한 수미상관법으로 건축을 시적으로 완성하고 싶었을 것이다.

중동성당은 1897년 5월 8일 설립되었다. 초대 주임으로 기낭1872~1944 신부가 임명되었다. 성당과 사제관은 애초 한옥이었으나, 1921년 최종철 신부가 서울 약현성당을 모델로 서

양식 성당을 설계하였다. 공사는 한참 뒤에 이루어졌다. 1934년 시작하여 1936년 라틴십자형 성당과 사제관을 완공하였다. 80년 세월이 흘렀으나 성당은 붉은 벽돌 고유의 빛을 잃지 않고 있다. 벽돌의 따스한 느낌이 멀리서도 그대로 전해진다.

멋진 남자를 연상시키는 붉은 벽돌 성당

중동성당은 고딕적인 요소가 강하다. 종탑을 4층으로 구성하고 그 위에 고딕식 첨탑을 세웠다. 종탑의 층 구분선과 벽체 상단에 돌림띠를 장식하여 미적 감각을 더했다. 창문과 출입문을 첨두 아치로 디자인했다. 출입문도 정문과 마찬가지로 뾰족한 아치가 세 개이다. 안으로 들어가자 모자이크 창문으로 들어온 영롱한 빛이 내부를 은은하게 비추고 있다. 경건하면서도 신비로운 기운이 부드럽게 흐르고 있다.

신발을 벗고 조심조심 걸으며 성당을 살펴보았다. 두 줄 석조 기둥이 회중석을 삼랑식으로 구분하고 있다. 기둥은 한 줄에 여섯 개씩, 다 합하면 열두 개이다. 기둥 열두 개는 예수의 12제자를 상징한다. 천장은 반원형 첨두 아치가 연속적으로 이어지고 있다. 밖에서도 안에서도 첨두 아치가 향연을 펼친다. 예로부터 서양은 동쪽에 제단을 두고 서쪽에 입구를 두는 형식을 성립시켰다. 신자들이 서쪽에서 신전으로 들어와 동쪽에 있는 제단을 보며 기도를 하는 동선 구조이다. 이 구조를 흔히 '구원의 통로'라고 표현하는데 중동성당은 이러한 건축 형식을 잘 구현하고 있다.

성당 우측에는 멋진 노신사 같은 옛 사제관이 있다. 1904년 9월 제3대 주임 퀴를리에 1863~1935 신부가 지었다. 성당보다 30년이나 오래된 건축이다. 내부에 쓰일 목재를 청주의 상당산성에서 금강을 이용해 뗏목으로 운반해 왔다고 한다. 사제관은 완벽한 대칭을 이루고 있어서 균형미가 아주 뛰어나다. 단아함과 조형성이 잘 드러나 있으며, 성당 못지않은 고전적인 아름다움을 품고 있다.

성당 마당 끝에는 본당을 설계하고 신축을 주도한 최말구종철 신부의 묘가 있으며, 그 뒤로 여섯 폭 병풍 모양을 한 묘비와 순교비가 있다. 최종철 신부는 1921년 부임하여 1945년 선종할 때까지 재임하다가 이곳에 묻혔다. 묘에는 최종철 신부의 하악골이 안치되어 있다. 최종철 신부 묘 왼편에는 최종수 순교비가 있다. 최종철 신부의 형으로 한국전쟁 당시 공주를 점령한 인민군이 성당에 들어와 총질을 하며 성물을 훼손하는 것에 항의하다가 총살을 당했다. 그 옆에는 성모마리아상이 마치 두 형제의 사연을 다 알고 있다는 듯 인자한 표정으로 손을 모으고 있다.

성당을 모두 둘러보고 나무 아래 돌 의자에 앉아 먼 하늘을 바라본다. 연무가 모두 걷혀 건너편 공산성이 가까이 다가와 있다. 성당 유치원 아이들의 웃음소리가 마당에서 깔깔대더니 이내 조용해진다. 내 마음에도 어느덧 고요가 찾아왔다.

주변 여행지 TOURISTIC SITE

황새바위성지

공주의 대표적인 성지이다. 1800년대 충청도 천주교인들이 1차로 현지에서 심문과 고문을 받고도 배교를 하지 않으면 공주감영으로 이송되었다. 다시 회유와 모진 고문을 받고도 배교하지 않으면 이곳 황새바위에서 처형하였다. 내포의 사도 이존창을 비롯하여 248명이 순교하여 박해시대 천주교의 심장이라 불리고 있다. 한국천주교회 창립 200주년을 기념하여 순교탑과 무명 순교자의 묘비석이자 12사도를 상징하는 12개의 빛돌, 무덤경당, 십자가의

길, 성모동산 등을 조성하였다. 2008년 12월 충청남도 도지정문화재 178호로 지정되었다.
주소 충남 공주시 왕릉로 118 전화 041-854-6321

공산성

475년부터 538년까지 64년간 백제의 왕성이었던 곳이다. 금강에 접한 높이 약 110미터쯤 되는 산에 능선과 계곡을 둘러 산성을 쌓았다. 축조 당시에는 토성이었다가 조선시대 이후 석성으로 개축되었다. 성의 길이는 2,660미터이고 동서남북 네 곳에 문이 있었다. 어느 방향으로 올라가더라도 성벽 길을 따라가면 공산성과 금강, 공주 시내의 정취를 구경할 수 있다. 성내에 활쏘기 같은

다양한 체험거리도 만들어 놓았다. 한 시간 남짓 여유롭게 산책하기에 딱 좋은 곳이다. 주소 충남 공주시 웅진로 280 전화 041-840-2265

국립공주박물관

국립공주박물관은 구석기 이후 공주 역사를 한눈에 볼 수 있는 테마 박물관이다. 송산리고분군에서 발굴한 무령왕릉 유물과 대전과 충남 지역에서 출토된 국보 18점, 보물 4점을 포함하여 약 4만 여 점의 문화재를 소장하고 있다. 무령왕릉실, 웅진문화실, 야외정원 등의 상설전시실 3곳, 특별전시실 1곳으로 구성되어 있다. 금관과 금동거울, 금동장신구, 일본에서 보내온 나무 관을 비롯하여 무령왕릉에서 출토된 화려하고 다양한 유물을 관람할 수 있다. 야외 박물관에는 석불좌상을 비롯하여 공주 일원에서 출토된 돌 유물을 전시하고 있다.
주소 충남 공주시 관광단지길 34 전화 041-850-6300 휴관일 매주 월요일, 1월 1일, 입장료 무료

무령왕릉 2015년 부여와 익산의 백제역사유적과 함께 세계문화유산에 등재되었다. 무령왕릉은 삼국시대 왕릉 중에서 유일하게 주인을 알 수 있는 무덤이다. 1971년 송산리고분의 침수 방지를 위한 배수로 공사를 하다

가 우연히 발견하였다. 무령왕릉에서는 108종 4,600여 점의 유물이 출토되었는데, 그 중에서 국보로 지정된 것만 12종목 17건에 달한다. 현재는 왕릉 보존을 위해 출입할 수 없으며, 고분 바로 아래 모형전시관에 무령왕릉과 5~6호분, 그리고 고분 축조 장면을 정밀하게 재현해놓았다.

주소 충남 공주시 왕릉로 37-2 전화 041-856-3151 입장료 성인 1,500원, 청소년 1,000원, 어린이 700원

또 다른 여행지 갑사, 석장리 선사유적지, 충남역사박물관, 공주 산성시장, 공주 치즈스쿨

맛집 RESTAURANT

이학식당 국밥, 냉면, 육회, 버섯불고기

1954년에 개업하여 2대째 이어오는 이름난 국밥 전문집이다. 한우와 잎이 노란 움파를 듬뿍 넣어 맛을 낸다. 고기는 한우의 아롱사태를 사용하여 질기거나 퍽퍽하지 않고 씹히는 질감이 부드럽다. 국물이 시원하고 개운하다. 밑반찬으로 김치와 깍두기 등 5개 종류가 나오는데 남기지 않을 만큼 담겨져 나온다. 식당은 1, 2층에 좌석 160여 개를 갖추고 있다. 내부가 깔끔하여 주인 손이 많이 갔음을 느낄 수 있다. 주소 충남 공주시 가구점길 6 전화 041-855-3202 예산 1~3만원

미마지 전골정식, 연잎밥, 밤정식

미마지는 공주 청송 심씨 집안의 내림 상차림을 비롯하여 밤과 연잎을 이용한 음식을 주로 한다. 소민정식은 청송 심씨의 상차림을 먹기 편하게 간편화한 전골 정식이다. 공주 특산물인 밤을 이용한 밤나무아래정식도 인기가 좋다. 찹쌀, 밤, 대추, 은행 등을 연잎으로 싸고 무명실로 묶어 쪄낸 연잎밥상은 향과 맛이 짙은 건강음식이다. 식사 외에 민속극박물관 유물과 탈 공연을 관람할 수 있다. 사전 예약이 필수이다. 주소 충남 공주시 의당면 돌모루1길 40 전화 041-856-5945 예산 2~3만원

황해도전통손만두국 만두백반

만두 전문식당이다. 만두전골과 만두백반을 맛 볼 수 있다. 만두소엔 당면을 비롯하여 부추, 두부 등이 들어가는데 특이하게도 애호박을 잘게 썰어서 넣었다. 음식이 강하지 않고 담백하여 자극적인 맛에 길들여진 사람이라면 조금 싱겁게 느낄 수도 있다. 좋은 양념과 재료를 사용하여 '착한식당'으로 선정되기도 하였다. 기본 반찬으로 김치, 깍두기, 양파절임 등이 나오는데 만두와 마찬가지로 양념이 강하지 않고 담백하다. 주소 충남 공주시 우금치로 744 전화 041-855-4687 예산 1만원 이내

또 다른 맛집 새이학가든, 진흥각

부여 금사리성당

아담하고 고졸한 건축미

고도 부여에 들어선 첫 번째 성당_충남 기념물 143호

주소 충남 부여군 구룡면 성충로1342번길 21
전화 041-832-5355
대중교통 농협 부여군지부 정류장에서 99, 108, 108-1, 109-1, 120, 121, 122, 123, 124, 125,
127, 128, 139번 버스 승차 후 금사리정류장에서 하차(40분)

부여읍에서 자동차를 타고 외산 쪽으로 20분쯤 달리면 도로에 인접한 구룡면 금사리에
이른다. 농가 100여 채가 자연스럽게 터를 잡은 평범한 시골 마을이다. 국도에서 진입로
로 들어가면 마을 가운데에 있는 아담한 성당이 시야에 들어온다. 정문으로 들어서자 비
교적 넓은 마당이 나타난다. 왼쪽으로 그늘막과 사제관, 사랑채, 오른쪽으로는 새 본당이,
그리고 중앙엔 옛 본당이 고졸한 모습으로 여행객의 시선을 잡아당긴다.

금사리성당 옛 본당은 아담하면서도 고전적인 아름다움을 간직하고 있다. 1906년에 벽
돌식으로 지었는데, 부여 지방 최초의 성당이다. 붉은 벽돌과 회색 벽돌이 정교하면서도
우아하게 조화를 이루고 있다. 색조가 밝고 조형미가 무척 뛰어나다. 정면이 7.8미터, 측면
이 18.5미터인 직사각형 바실리카 양식 건축물로 벽에는 아치 창문을 달고 있다.

초대 주임 신부였던 프랑스외방전교회 소속 공베르 신부는 본당을 짓기 위해 몰락한 양
반 가옥 3동과 대지, 논 8마지기, 산 등을 당시 돈 1300냥에 매입하였다. 가옥을 개조하
여 임시로 사용하다 1901년 5월 신축 공사를 시작하였다. 중국 기술자들이 중심 역할을

하였으나 신자들도 벽돌을 굽고 자재를 나르는 등 적극적으로 일손을 보탰다. 공사를 시작한 지 5년 뒤인 1906년 4월 초 마침내 55평 본당이 완성되었다.

옛 성당 내부로 들어가려면 성당 뒤쪽으로 돌아가야 한다. 출입문이 정문에서 가장 먼 쪽에 있는 까닭이다. 출입문을 뒤편에 낸 이유를 지금으로서는 정확히 알 수 없다. 다만 당시의 민간 정서나 관념상 제단을 북쪽에 내는 것이 저어되어, 다시 말해 제단을 남쪽에 두고자 종탑과 출입문을 북쪽에 설치하지 않았나 추측해 볼 따름이다.

남녀유별 의식이 만든 독특한 2랑식 실내 구조

성당 외관은 벽돌식 서양 건축이지만 내부는 기둥과 바닥, 그리고 창틀을 나무로 만들어 우리나라 전통 목조 건물의 특징을 잘 살렸다. 외부는 서양식으로, 내부는 한식으로 지은 한·양 절충 건축인 셈이다. 실내는 제단과 회중석 신자석으로 나누어져 있다. 실내는 일반적인 성당과 달리 기둥을 중앙에 한 줄만 세워 실내 공간을 두 개로 구분하였다. 남녀 신자석을 구분하기 위해서였다. 2랑식 회랑은 금사리성당의 차별적 특색이자 독특한 성당 건축 형식이다. 종탑으로 올라가는 계단 아래에 먼지 낀 옛 풍금이 눈에 띈다. 풍금 앞에 옹기종기 둘러서서 찬송을 부르는 농촌 어린이와 반주하는 공베르 신부의 인자한 얼굴이 그려진다. 나도 모르게 입가에 미소가 번진다.

금사리성당은 2006년 건립 100주년을 앞두고 복원 공사를 하였다. 복원을 하기 전에 자문위원회를 구성해 연로한 신자들의 증언 등을 토대로 설계 도면을 다시 작성하였다. 2003년에 공사에 들어가 2005년 3월 복원을 마쳤다. 복원의 의미를 살리기 위해 원래 벽돌을 30% 이상 재사용하였다. 태풍으로 유실되었던 종탑도 되살렸다. 원래 지붕은 기와였으나 1928년 함석으로 바꾸었고, 100주년 복원 공사 때에는 동판으로 변경하였다. 성당 마당 한편에 '대건의 집'이란 현판을 단 낯선 붉은 기와집이 서 있다. 1913년 8월에 완

금사리성당 내부와 신·구 성당이 함께 있는 외부 전경. 구 성당의 외관은 서양 건축이지만 내부는 나무로 만들어 우리나라 전통 목조 건물의 특징을 잘 살렸다.

공한 옛 사제관이다. 용마루의 폭이 좁고 지붕선 없이 길게 팔을 벌린 듯한 모습이 우리의 한옥이라기보다는 중국 스타일에 더 가깝다. 아마도 중국 기술자의 손을 빌린 영향이 아닌가 싶다. 1993년 옛 사제관을 수리한 후 신자들의 회합실로 사용하고 있다.

정문 오른 편에는 또 하나의 성당이 있다. 1968년 신축한 신 본당이다. 옛 본당 외벽에 금이 가고 기울어지는 현상이 나타나자 콘크리트 블록조로 새로 건립하였다. 신 본당이라 하여도 벌써 50년 가까이 되었다. 노란색 외벽과 대비되는 흰색 십자가 탑이 매우 인상적이다. 1960년대 말에, 그것도 농촌에 지은 건축물인데도 디자인 감각이 놀랍도록 현대적이다.

푸른 눈의 공베르 신부
따뜻하고 헌신적인 삶을 살다

금사리성당의 기초를 닦은 사람은 프랑스 성직자 공베르 신부이다. 그의 집안은 14남매 중에서 무려 12명의 성직자를 배출한 천주교 사제 가문이다. 그는 23세에 형 공안국과 함께 사제 서품을 받은 후 조선으로 파송되었다. 금사리에 부임하여 본당과 사제관을 신축하였다. 1915년에는 제1차세계대전이 발발하자 귀국하여 프랑스 군인으로 종군하였으며, 1919년 11월 5일 재입국하여 다시 금사리로 돌아왔다. 공베르 신부는 피폐한 조선의 농촌에 성당을 세우고 무지한 백성을 계몽하고 교육하는 일에 힘썼다. 풍토병으로 고생하면서도 언제나 민중과 함께 생활하였다. 논산과 강경에 성당도 건축하였으며, 어린이와 청년의 미래에 많은 정성을 기울였다. 가난한 농민들을 위해 금전적 지원도 아끼지 않았다. 1950년 인천에서 공산군에게 체포되어 그 해 11월 13일 형 공안국 신부와 함께 순교하였다. 그때 그의 나이는 73세였다.

세월의 깊이가 느껴지는 우아한 금사리 성당을 돌아보며 잠시 공베르 신부의 삶을 되새겨 본다. 청춘의 나이에 지구 반대편 조선까지 와서 평생 신앙의 밭을 일군 푸른 눈의 신부. 따뜻하고 헌신적인 삶을 살다 순교한 프랑스 신부를 추모하며 십자가 앞에서 두 손을 모은다.

금사리성당 측면과 이 성당의 주보성인
성 프란치스코 하비에르 석상.

주변 여행지 TOURISTIC SITE

국립부여박물관

백제의 문화유산과 충남 서부 지역의 선사 유물 1,000여 점을 보존 전시하고 있다. 국립부여박물관의 하이라이트는 국보 287호인 백제금동대향로이다. 1993년 부여 능산리절터를 발굴하다가 발견되었다. 향로의 기원인 중국의 작품 수준을 뛰어넘을 만큼 공예적 조형미와 예술성이 돋보인다. 백제인의 수준 높은 미적 능력과 정신 세계를 담은 공예 명품이다. 이외에도 백제창왕명석조사리감 국보 288호과 수준 높은 기와 문양, 불상 등 국보급 문화재와 토기 같은 백제 이전 시대의 유물을 함께 감상할 수 있다. 주소 충남 부여군 부여읍 금성로 5 전화 041-833-8562 휴관일 매주 월요일과 1월 1일, 설날과 추석 당일

백제문화단지

부소산과 백마강 건너 규암면 너른 들판에 있다. 백제 왕궁, 백제의 대표적인 사찰인 능사, 백제시대 계층별 주거문화를 보여주는 생활문화마을, 백제 초기의 궁성인 위례성을 재현해 놓았으며, 백제사 전문 박물관도 있다. 백제의 역사, 건축, 생활상을 두루 살펴볼 수 있다.

주소 충남 부여군 규암면 백제문로 374 전화 041-408-7290

부소산성

부여 북쪽 부소산에 있는 사비의 도성사적 5호이다. 538년에 축조된 것으로 추정하고 있으며 <삼국사기>에는 사비성, 소부리성으로 기록되어 있다. 성내에는 가장 높은 곳에 위치한 사자루, 해를 맞이하는 영일루, 곡식 창고였던 군창지, 삼천 궁녀 전설로 이름난 낙화암, 고란초로 유명한 고란사 등이 있다. 군창지에서 불에 탄 곡물이 많이 발견되었는데 나당 연합군의 공격으로 사비성이 함락될 때 불탄 게 아닌가 보고 있다. 고란사 앞으로 백마강이 흐른다. 주소 충남 부여군 부여읍 관북리 일원 전화 041-830-2880

궁남지와 정림사지오층석탑

궁남지는 부여읍 남쪽에 있는 우리나라 최초의 정원이다. <삼국사기>에 무왕이 이곳에서 뱃놀이를 했다는 기록이 있다. 연못 가운데에 신선이 산다는 전설 속의 섬 방장선산이 있고, 연못 가장자리에는 버드나무가 가지를 늘어뜨리고 있어 경치가 빼어나다. 여름이면 연못 주변 넓은 습지에 연꽃이 피는데 그 모습이 장관이다. 정림사

지 오층석탑국보 5호은 백제 석탑의 전형을 보여준다. 당나라 소정방이 백제 평정을 기념하는 글을 탑신에 새겼는데 희미한 글씨를 지금도 확인할 수 있다. 이곳에서 나온 유물을 전시하는 정림사지박물관이 바로 옆에 있다.

궁남지 충남 부여군 부여읍 궁남로 52 정림사지오층석탑 충남 부여군 부여읍 정림로 83

능산리고분군

사비성의 외성인 나성 외곽 능산리에 있는 백제 왕실 무덤군이다. 1993년 나성과 고분군 사이 능산터에서 백제금동대향로가 출토되었다. 1995년에는 창왕위덕왕의 명복을 비는 사리감이 나왔다.

주소 충남 부여군 부여읍 왕릉로 61 전화 041-830-2890

또 다른 여행지 신동엽생가, 무량사, 만수산자연휴양림, 성흥산성과 사랑나무

맛집 RESTAURANT

백제의 집 연잎밥, 연잎우렁쌈밥, 오리쌈정식

부여 부소산성 매표소 건너편에 있다. 주요 메뉴는 연잎밥으로 15가지 반찬에 불고기 전골이 나온다. 그 외에 연잎우렁쌈밥, 오리쌈정식, 오리훈제가 있다. 싱싱한 쌈이 모든 메뉴에 제공되는데 당일 구매되는 종류에 따라 무려 10~20가지에 이른다. 부근에 마땅한 카페가 없어 식당에서 내린 커피와 각종 차를 별도로 판매하고 있다.

주소 부여군 부여읍 성왕로 248 전화 041-834-1212 예산 1~2만원

구드래돌쌈밥 불고기돌쌈밥, 오리훈제돌쌈밥, 돌쌈정식, 돌솥밥

구드래는 백마강나루의 옛 이름으로 큰 나루라는 뜻이다. 구드래돌쌈밥은 한국관광공사가 추천하는 '깨끗한 음식점'이다. 백마강 유람선 선착장 근처의 구드래 조각 공원 입구에 있다. 돌쌈밥이란 돌솥밥과 쌈밥의 줄임말이다. 돌쌈밥을 최초로 개발한 집으로 각종 쌈밥과 돌쌈정식이 있다. 20여 가지의 정갈하고 맛깔스런 밑반찬에 신선한 쌈용 야채가 푸짐하게 나온다.

주소 충남 부여군 부여읍 나루터로 31 전화 041-836-9259 예산 2만원

또 다른 맛집 나루터식당, 서동한우, 구드래황토정

금산 진산성지성당

아담하고 정겨운 산골 성당

한국 최초의 순교자 기념 성당
주소 충남 금산군 진산면 실학로 257-8
전화 041-754-7285
대중교통 금산읍사무소 네거리에서 금산-신대행 버스 승차 후
지방1리 정류장 하차. 도보 1분(1시간 15분 소요)

진산성지성당은 한국 가톨릭의 첫 순교자 윤지충과 권상연이 태어나고 자라난 곳에 세워진 성당이다. 둘은 신해박해의 빌미가 된 이른바 전라도 진산 지금의 충남 금산 사건의 당사자이다. 성당이 위치한 지방리 일대는 병인박해 1866 이전부터 천주교 신자들이 숨어 교우촌을 형성했던 곳이다. 1916년에 이르러 첫 공소 건물을 갖추게 되었으며, 1927년에는 현재의 부지에 성당을 지으면서 지금까지 이어져 오고 있다.

윤지충은 '교회의 가르침에 위배되는 일은 하지 말라'는 어머니의 유언에 따라 고종사촌인 권상연과 더불어 모친의 위패를 불사르고 천주교식 장례를 치렀다. 이는 조선 사회에 큰 파장을 일으켰다. 그는 "천주를 큰 부모로 삼았으니 천주의 명을 따르지 않는다면 결코 그분을 흠숭하는 뜻이 될 수 없습니다."라고 말하며 당당히 박해의 칼날을 받아들였다. 윤지충과 권상연이 뿌린 씨앗은 한국 천주교가 성장하는데 밑거름이 되었다. 두 순교자는 2014년 8월 프란치스코 교황이 집전한 광화문 시복미사에서 복자로 추대되었다.

나지막한 언덕 풀밭 위에 서 있는 자그마한 성당은 초원의 집 같다. 진산성지 입간판 주위

에 알록달록 피어난 여름 꽃이 빗방울을 머금고 있다. 성지성당이라고 하지만 건물은 더없이 소박하다. 벽에 칠한 페인트는 군데군데 벗겨져있고, 풀밭 주위엔 정원을 가꾸는 농기구가 한가로이 비를 맞고 있다. 슬레이트 지붕 처마도, 장식 없는 격자 창살도 질박하고 단출하다. 시골 성당의 정겨운 모습에 금세 마음이 편안해졌다. 성당 입구에서 윤지충, 권상연의 순교비가 그 모습을 무심히 바라보고 있다.

마당에 늘어선 정원석이 눈에 들어온다. 가까이 가보니 정원석에 14처 십자가의 길 부조 상본이 붙어 있다. 비를 맞으며 감상에 젖은 탓일까? 동판에 새겨진 한 장면 한 장면이 절실하게 가슴에 와 닿는다. 제6처 '베로니카 수건으로 예수님의 얼굴을 닦아드림을 묵상합시다' 앞에서 걸음을 멈췄다. 성녀 베로니카의 수건에 예수의 얼굴이 새겨져 있다. 빗물이 흘러내려 마치 고통스런 예수의 땀처럼 보인다. 상본 하단부에 점자가 새겨져 있다. 소외된 이들에 대한 배려에 다시 가슴이 뜨거워진다. 예수께서도 소경 거지의 눈을 뜨게 한 기적을 일으키지 않았던가?

소박한 아름다움이 마음을 따뜻하게 해준다

지루한 장마와 무더위 때문에 달포가 지나서야 진산성지를 다시 찾았다. 어느새 날씨는 가을에 접어들어 성당 입구에 코스모스가 하늘거린다. 두 번째 방문인 탓인지 성당은 이제 낯익고 정겹다. 미사가 끝난 후라 성당은 고요 속에 놓여있다. 주임 신부의 배려로 성당 내부를 살펴볼 수 있었다. 작고 아담한 시골 성당의 정취가 느껴진다. 작은 제대와 십자가상, 제대 아래 놓여 있는 해바라기와 글라디올러스를 꽂아 놓은 화병, 제대 왼쪽의 새하얀 성모상, 두드러지지 않고 압도하지 않는 소박한 아름다움이 마음을 따뜻하게 해준다. 천장과 바닥, 사각의 열주, 장의자 모두 어두운 갈색의 목재를 사용했다. 경건하면서도 세월을 느끼게 하는 앤티크함이 묻어난다. 갈색의 격자창에서 가을 햇살이 살포시 들어와

시골 성당을 온화하게 비춘다. 특이하게도 2열 기둥이 미사용 장의자 중간에 배치되어 있다. 아마 성당 건립 당시 중앙은 미사 공간으로, 기둥 바깥쪽은 미사를 위한 측랑 통로로 쓰이지 않았나 싶다.

고요한 시골 성소는 그 자체로 휴식과 힐링의 공간임을 새삼 깨닫는다. 너도 나도 크고 화려한 것을 꿈꾸는 세상인지라 교회 또한 양적 성장에 매몰되어 있는 게 요즘 세태이다. 너 나 할 것 없이 제 영혼 간수하기 힘든 시대를 아프게 살아내고 있는데 외양만 그럴듯한 교회가 무슨 위안이 되겠는가? 일상적으로 반복되는 판에 박힌 종교의식이 우리 영혼에 어떤 영감을 줄 것인가? 말없이 마음을 어루만져주고 영성의 힘을 보태주는 시골의 작은 성지에서 다시 깨닫는다. 우리가 찾는 행복은, 우리가 꿈꾸는 연대와 공동체는 순수하고 고귀한 마음에서 시작되는 것임을, 순박한 이들이 몸을 던져 신앙을 지켜낸 깊은 산골 마을에 와서야 새삼 깨닫는다.

주변 여행지 TOURISTIC SITE

금산인삼시장과 인삼축제

금산읍 중도리에 있다. 공식 명칭은 금산인삼약령시장이다. 인삼 재배의 종주지답게 연중무휴로 시장이 열린다. 전국 인삼 유통량의 80%가 금산에서 거래된다. 생삼과 다양한 인삼 관련 제품을 저렴한 가격에 구입할 수 있다.

인삼 출하 시기인 9월 초부터 한 달 동안 해마다 인삼축제가 열린다. 인삼시장의 활기찬 광경도 재미있지만 인삼 캐기와 인삼 요리 만들기 같은 다양한 체험 프로그램과 공연, 경연 대회 등 흥미로운 행사가 한 달 내내 이어진다. 주소 충남 금산군 금산읍 중도리 일대

보석사

금산에 있는 숨겨진 보석 같이 아름다운 절이다. 천년이 넘은 고찰이지만 규모가 작고 아기자기하다. 일주문을 들어서면 빼곡히 늘어선 전나무 숲과 수령 1000년을 헤아리는 은행나무가 여행객을 맞아준다. 천연기념물로 지정되어 있는 은행나무는 나라에 중대사가 있을 때마다 소리 내어 울었다고 한다. 짙푸른 녹음에 쌓인 계곡 사이로 흐르는 물소리를 들으며 타박타박 걷는 길도 좋지만, 타는 듯한 붉은 단풍과 샛노란 은행나무가 어우러진 보석사의 가을은 말 그대로 보석같이 아름답다. 경내에는 임진왜란 때 7백의사와 함께 왜군과 싸우다 전사한 영규대사의 비각이 있다. 주소 충남 금산군 남이면 보석사1길 30(석동리 711) 전화 041-753-1523

칠백의총

임진왜란 때 왜군과 싸우다가 장렬히 순절한 700여 명의 의사를 합장한 무덤이다. 오래 전 순의비를 세우고 해마다 제향을 올렸으나 일제강점기 때 침략 사실을 은폐하려고 파괴했다. 해방 이후 정화 작업을 통해 칠백의사의 사당인 종용사를 다시 짓고 묘역을 조성하여 기념관, 칠백의사순의탑, 의병대장 중봉 조헌 선생 일군순의비가 건립되었다. 기념관에서 금산 전투의 영웅 조헌 선생과 칠백의사의 관련 유물을 상설 전시하고 있다. 월요일은 정기 휴관일이다. 주소 충남 금산군 금성면 의총길 40 전화 041-753-8701

또 다른 여행지 금산인삼관, 대둔산, 금산수삼센터, 금산시장

맛집 RESTAURANT

금산원조 김정이삼계탕 삼계탕

원래 이름은 원조삼계탕이지만 최근에 '금산원조 김정이삼계탕'
으로 상호가 변경되었다. 엄선한 영계에 다양한 한약재를 듬뿍 넣
어 음식을 만든다. 쫄깃한 육질을 자랑한다. 삼계탕에 전복과 동충
하초를 활용한 특별 메뉴도 선보이는데 맛과 고급스러운 이미지
로 인기가 높다. 땅콩 가루를 고명으로 얹은 국물이 은은한 한약재
향기와 어우러져 고소하고 진한 맛을 낸다.
주소 충남 금산군 금산읍 인삼약초로 33 전화 041-752-2678 예산 1
만2천원~2만4천원

저곡식당 어죽, 도리뱅뱅이, 민물매운탕

47년의 전통을 자랑하는 인삼 어죽 식당이다. 어죽은 민물고기를
푹 고아 육수를 만들어 밥, 국수, 수제비를 넣고 양념을 풀어 끓이
는 음식이다. 버섯, 시금치, 쑥갓 같은 싱싱한 채소와 인삼을 넣어
비린 맛을 제거한다. 빙어나 피라미 같은 작은 생선을 양념을 발
라 프라이팬에 빙 돌려 튀긴 도리뱅뱅이도 유명하다. 매콤달콤하
고 과자 같이 바삭바삭하다. 금산의 식당답게 도리뱅뱅이에 인삼
채를 고명으로 올려 입맛을 돋운다. 강변가든, 강나루가든도 어죽
과 도리뱅뱅이, 민물매운탕으로 이름난 집이다.
주소 충남 금산군 제원면 금강로 286 전화 041-752-7350 예산 7천원~5만원

진악산뜰 농가맛집 쌈밥장아찌정식, 부추백숙정식

농장에서 직접 재배한 식자재를 이용하여 음식을 만든다. 농장
의 노지와 하우스에서 싱싱하게 자라는 채소들을 보면 주인장이
건강한 식단을 위해 얼마나 애쓰는지 느낄 수 있다. 이 집이 자랑
하는 쌈밥장아찌정식은 상차림이 마치 공예품처럼 정교하다. 손
이 많이 가는 상차림이므로 반드시 1~2일전에 예약을 해야 한다.
주소 충남 금산군 금산읍 계진길 139 전화 010-9588-1809
예산 3만원

또 다른 맛집 강변가든, 강나루가든, 도랑가, 청풍명월, 금산관광농원

성공회수동성당

처마선이 아름다운 고귀한 한옥 성당

우아한 여인을 닮았다_충북 유형문화재 149호
주소 충북 청주시 상당구 교동로47번길 33
전화 043-252-6500
대중교통 청주고속버스터미널에서 511, 516번 버스 승차 후 상당공원에서 하차, 도보 10분(40분)
청주시외버스터미널에서 104, 105-1번 버스 승차 후 상당공원에서 하차, 도보 10분(40분)

아름다운 한옥 성당을 만나러 청주로 간다. 100여 년 전만 해도 한옥 성당이 무척 많았으나 이제는 열 손가락에 꼽을 만큼 그 수가 적다. 게다가 건립 당시의 원형을 간직하고 있는 성당은 아주 드물다. 다행히 청주엔 예전 모습 그대로 같은 자리에서 제 몸을 지키고 있는 한옥 성당이 있다. 귀하고 반가운 마음이 들어 벌써부터 마음이 설렌다.

수동성당의 역사는 1922년 진천 교구 관할 사제였던 휴렛 신부가 대성동에 살던 윤달용1930년에 사제가 되었다의 집에서 정기적으로 가정 예배를 본 시점으로 거슬러 올라간다. 1920년대 이후 청주가 신도시 계획에 의해 새롭게 개발되고 행정, 경제, 문화의 중심지로 떠오르자 휴렛 신부와 트롤로프 주교는 충북 지역 성공회의 중심축을 진천에서 청주로 옮기는 작업을 추진하였다. 1920년 조치원-청주 간 충북선이 개설되고 1928년 충주까지 연장되면서 청주가 급속도로 성장하자 이 계획은 더욱 적극성을 띠게 되었다. 수동성당은 이처럼 좋은 배경에서 성공회의 큰 관심을 받으며 태어났다.

청주 IC를 빠져 나오자 맑고 푸른 도시에 왔음을 알려주듯 플라타너스 가로수 터널이 나타났다. 무심천을 건너자 우암산이 낮은 빌딩 뒤로 모습을 드러낸다. 해발 높이가 353미터인 우암산은 생긴 모양이 황소가 누운 듯하다고 해서 예전엔 와우산이라 불렸다. 성당을 청주의 진산인 우암산 남쪽에 세운 것은 이곳이 청주 시민들에게 '마음의 진산'이 되기를 바라는 선교사들의 바람 때문이 아니었을까 싶다.

자동차를 끌고 성당 앞까지 바로 갈 수도 있지만 나는 좀 천천히 가기로 했다. 성당 근처에 차를 세우고 삼일공원 방향으로 걸어가자 '대한성공회 청주교회'라 새겨진 입석이 수풀 우거진 오솔길에서 나타났다. 이끼와 풀 내음 그리고 산 자락의 변화를 느끼며 산책하듯 걸었다. 길은 마음가짐을 차분하게 할 여유를 선물해주었다. 가파른 계단 앞에 서자 성당은 팔작지붕의 합각머리를 내게 살짝 내밀었다. 붉은 벽돌로 장식을 한 라틴십자가가 인상적이다.

살짝 둥글려 올린 추녀선
여인네 속눈썹처럼 아름답다

성공회는 1924년부터 대지를 매입하고 성당 건립 기금 모금 운동을 펼쳤지만 생각만큼 돈이 모이지 않았다. 다행히 영국에서 희소식이 날아왔다. 버밍엄에 있는 세인트그레고리오교회 신자들이 기부금을 보내온 것이다. 진천과 청주를 오가던 앨버트 리1893~1950 신부가 새로 지은 한옥 사제관으로 이사하면서 교회 건립은 더욱 활기를 띠었다. 쿠퍼1882~1964 주교도 청주 지역의 전교에 관심을 기울였다. 마침내 1935년 9월 24일 쿠퍼 주교의 집전으로 '성그레고리오성당' 축성식을 올렸다. 버밍엄 신자들의 헌신적인 도움에 보답하기 위해 성당 이름을 이렇게 지은 것이다. 이제 수동성당은 진천을 넘어 충북 지역 선교의 중심지로 완전히 자리잡게 되었다.

가파른 계단을 올라서자 성당 건물이 확 다가왔다. 그 뒤로 후문과 2층으로 된 사제관 건물이 보였다. 아쉽게도 한옥 사제관은 헐리고 말았다. 하지만 성당은 산자락에 있어 도시개발의 타격을 받지 않고 제모습을 지킬 수 있었다. 한국전쟁의 포화 속에서도 꿋꿋이 살

아남았다. 지을 당시 신도 수가 80명이었지만 미래를 내다 보며 200명을 수용할 수 있는 크기로 지어, 규모를 키우거나 자세 한번 바꾸지 않고 오늘에 이르렀다.

팔작지붕 아래에 섰다. 합각머리 꼭대기에 보물 같은 지네철이 보인다. 박공을 연결하는 데 쓰이는 지네철은 화재를 방지하고 자손의 번창을 기원하며 귀한 집에만 붙인다는 지네처럼 생긴 철판이다. 가까이서 보니 처마는 서까래에 부연을 덧댄 겹처마이다. 겹처마는 서까래 위에 부연을 덧대어 위로 살짝 들어올리게 만드는 것으로, 채광을 좋게 하고 건물의 멋과 품위를 높이기 위해 사용하는 한옥 고유의 건축 기법 가운데 하나이다. 속눈썹을 살짝 치켜 올리듯 부연과 서까래가 부드러운 곡선을 그리며 지붕을 떠받치고 있다. 한복의 배래선소매 아래쪽에 물고기의 배처럼 볼록하게 둥글린 부분을 보는 듯 아름답고 우아하다. 그뿐 아니다. 처마와 처마가 만나는 귀퉁이의 사래겹처마의 귀에서 추녀 끝에 잇대어 단 네모진 목재 끝에는 게의 눈처럼 말아 올린 게눈각과 추녀를 보강하는 알추녀가 있다. 부연과 게눈각 그리고 알추녀는 은근한 춤사위로 건물에 고귀함과 조용한 상쾌함, 그리고 견고한 이미지를 만들어 내고 있었다. 아주 작은 몇몇 건축 요소들일뿐이었지만 지네철과 더불어 한옥성당이 일반 가옥과 격을 달리하고 있음을 은밀히 말해주는 듯했다.

사람 얼굴을 닮은 정면 은은하게 미소를 짓는다

몇 걸음 뒤로 물러나 성당 정면을 살폈다. 모두 4칸이다. 참 잘 생겼다, 생각하는 순간 성당 정면이 사람 얼굴, 그것도 살포시 웃는 마음씨 좋은 누군가의 얼굴처럼 보인다. 눈썹 같은 회색빛 팔작지붕, 대칭으로 놓인 아亞자 무늬 아치창. 보면 볼수록 웃는 얼굴이다. 성당이 나를 향해 은은한 미소를 보내고 있었다. 특이한 것은 아치창과 마찬가지로 아자형 창살을 단 출입문 역시 두 짝이다. 양쪽 끝에 대칭으로 출입문을 두어 남녀의 출입이 유별하였음을 짐작하게 한다.

호흡을 정돈하고 출입문을 열었더니 유리문이 또 하나 있다. 문을 열자 성당용 양초 냄새가 훅 밀려들었다. 드나들어 반질반질해진 장마루로 내려섰다. 평면은 진천성당처럼 3랑식 바실리카 양식이다. 서까래가 드러난 연등천장은 성당의 수직적 깊이를 보여준다. 제대부는 층을 높이고 붉은 천을 깔아 신자석과 구별하였다. 흰색 휘장 위에 십자가가 걸려 있고, 사제석엔 특이하게도 나전칠기 의자가 놓여있다. 어디에서도 보지 못한 의자이다. 검은색 테두리로 자개의 아름다움을 간신히 누르고 있지만 칠보 빛의 영롱함은 막을 수가 없다. 전통을 한껏 살린 구족반狗足盤 제대도 아름답기는 마찬가지다. 측면 중앙에 왕王자를 새겼는데, 붉고 흰 휘장과 칠보 사제석과 어우러져 제대를 엄숙하면서도 고요하게 만들고 있다. 나전 의자와 구족반 못지 않게 전통 석등처럼 생긴 팔각 대리석 세례대도 인상적이다. 세례대는 십자가 종탑 모양을 한 목재 덮개를 이고 있다. 세례대 몸통에는 중생성세重生聖洗라는 글씨가 굵고 뚜렷하게 새겨져 있다. 보면 볼수록 수동성당은 참 독특하고 매력

적이다. 안팎의 구조는 틀림없이 한옥이다. 건물 구조뿐 아니라 성당 안에 가득한 성물도 한국의 정신과 문화를 듬뿍 머금고 있다. 우리나라의 장점과 전통을 존중하고 포용하려는 성공회의 태도가 그저 아름답게 느껴질 따름이다.

성당을 나와 한옥 옆면을 바라본다. 한동안 수평을 이루더니 양끝에 이르러 지붕이 우아하게 날개를 편다. 그 자태가 부드럽고 고고하다. 한 마리 학 같은 한옥 성당을 조용히 감상하다가 벽면 하단에 뚫린 풍혈風穴을 보았다. 건물이 숨을 쉬도록 바람 구멍을 낸 것이다. 나무 바닥이며 목재가 흐트러짐이 없는 이유를 이제야 알겠다. 세심한 곳까지 꼼꼼하게 챙긴 건축이니 80년이 흘러도 여전히 튼튼하고 아름다운 것이리라. 나는 한옥성당을 지은 건축가와 신자들에게, 그리고 지금까지 소중하게 지키고 보살펴온 사람들에게 감사하는 마음으로 두 손을 모았다. 그리고 앞으로 100년을 지켜줄 우리 후손들을 위해서도.

주변 여행지 TOURISTIC SITE

수암골 벽화마을

청주 우암산 서쪽에 있는 달동네이다. 한국전쟁 때 피난민들이 고단한 삶을 풀어놓으면서 형성되었다. <제빵왕 김탁구>, <카인과 아벨>, <영광의 재인>, <부탁해요 캡틴> 등 옛 추억을 떠올리는 TV 드라마 촬영지로도 유명하다. 시간이 느리게 흐르는 골목과 아기자기한 벽화를 감상하다가 입이 출출하면 김탁구네 빵집으로 알려진 팔봉제빵점에 들르거나 서문우동 영광의 재인점에서 50년 전통의 우동과 해물짬뽕을 즐겨보자. 주소 충북 청주시 상당구 수암로 58

청주고인쇄박물관

청주는 세계에서 가장 오래된 금속 활자의 도시이다. 세계 최고의 금속 활자로 인쇄한 <직지심체요절>을 청주 흥덕사지에서 제작한1377 것으로 밝혀졌기 때문이다. <직지심체요절>은 2001년 9월 유네스코 세계기록유산으로 등재되었다. 안타깝게 원본은 프랑스국립도서관에 있지만 복원한 직지 활자 6,000자와 활자판은 관람할 수 있다. 직지 활자본은 <구텐베르그 성서>보다 70년 이상 앞선 것이다. 주소 충북 청주시 흥덕구 직지대로 713 전화 043-201-4266

상당산성

청주시 상당구 산성동에 있다. 백제시대 이미 토성이 있었다. 김유신 아들이 허물어진 성을 고쳐 쌓았다는 기록도 있다. 임진왜란 때 화강암으로 다시 쌓았고, 숙종 때 1716 성문을 수리하고 성도 개축하였다. 산의 능선을 따라 쌓은 전형적인 산성으로 둘레가 4.2킬로미터에 이른다. 주변 경관이 아름답고 전망이 좋다. 청주와 청원 일대 풍경이 한눈에 들어오는 서문의 경치가 가장 좋다. 성을 한 바퀴 돌고 나면 오골계와 대추술로 이름난 한옥마을과 순두부와 도토리묵, 닭백숙 따위를 파는 음식 거리가 나온다. 주소 청주시 상당구 성내로118길 1

또 다른 여행지 청남대, 문의문화재단지, 대청호누리길, 국립청주박물관

맛집 RESTAURANT

경주집 버섯찌개

청주 사람이라면 다 아는 맛집이다. 청주 중앙공원 맞은 편 서남 신협 본점 우측 일방통행 골목 안에 있다. 메뉴는 버섯찌개 하나이다. 소 등뼈를 고아 만든 육수에 표고버섯과 소고기, 그 밖의 채소와 매운 양념장을 넣고 얼큰하게 끓인 것으

로 그 맛이 일품이다. 얼큰한 국물에 라면 사리를 넣어 먹는 사람이 많다. 주소 충북 청주시 상당구 남사로93길 21 전화 043) 221-6523 예산 1만원 이내

상주집 올갱이국, 올갱이무침

올갱이국을 충청도의 향토 음식으로 정착시킨 원조 올갱이 전문 식당이다. 경주집과 쌍벽을 이루는 청주의 맛집이다. 경주집 바로 건너편 골목에 있다. 올갱이와 민물조개, 우거지와 갖가지 채소를 함께 넣고 된장을 알맞게 풀어 끓여 구수하다. 올갱이는 몸 안의 독소를 빼주는 성질을 가지고 있어 숙취 해소에 좋다. 올갱이무침, 올갱이전골도 있다. 주소 충북 청주시 상당구 남사로93길 27-3 전화 043-256-7928 예산 1~3만원

또 다른 맛집 대추나무집, 다성식당, 남주동해장국, 대우장, 소영칼국수, 리정식당, 백로식당, 서문우동, 조선면옥, 활력추어탕

카페 CAFE

풀문

그곳에 가면 치즈 빙수가 있다. 차와 함께 곁들여지는 치즈케이크에서 힌트를 얻어 치즈 빙수를 개발했다. 결과는 대박. 서울의 유명 프랜차이즈 커피 전문점들이 앞다투어 벤치마킹을 했을 정도다. 수암골 언덕배기에 위치하고 있어서 청주 시내를 내려다 보는 야경도 그만이다. 주소 충북 청주시 상당구 수암로36길 21-4 전화 043-224-5152

팔봉제빵점

수암골 벽화마을 초입에 있다. 2010년 방영된 <제빵왕 김탁구>를 촬영한 장소라서 많은 사람들이 찾는다. 제빵점 1층에 드라마 촬영 당시의 세트장을 그대로 보존하고 있다. 2층은 제과점인데, 소파에 앉아서 휴식을 취하며 추억의 간식인 크림빵, 단팥빵, 소보루빵, 옥수수빵, 보리빵 등을 먹을 수 있다. 수암골을 찾기 전에 한번 둘러볼만하다. 주소 충북 청주시 상당구 수암로 57-1 전화 043-223-7838

카페사진관

청주고등학교 앞에 가면 아치형 창문과 벽돌 건물로 눈길을 끄는 카페가 있다. 창문으로 햇살이 쏟아져 들어와 유럽의 어느 카페에 들어선 느낌이 든다. 중간 중간 놓인 화분들은 카페 분위기를 더욱 싱그럽게 하고 높다랗게 매달린 간결한 전등이 매력적이다. 가격도 합리적이고, 블루베리가 씹히는 요거트스무디도 맛있다. 주소 충북 청주시 서원구 충대로14번길 75 전화 043-268-0772

음성 감곡성당

서정성 짙은 붉은 벽돌 성당

충북의 첫 번째 성당 _ 충북 유형문화재 188호
주소 충북 음성군 감곡면 성당길 10
전화 043-881-2808, 2809
대중교통 감곡시외버스터미널에서 도보로 14분

서울에서 한 시간 남짓 달려 이천을 지나면 충북 감곡에 닿는다. 매산은 감곡면 중앙에 자리 잡은 아담한 동산이다. 매산 아래 마을로 들어서면 손을 들어 기도를 올리듯 하늘을 향해 뻗어 있는 성당 종탑이 보인다. 길은 잘 닦여져 있어 힘들지 않게 성당에 다다를 수 있다.

감곡성당은 마치 명동성당을 축소하여 놓은 것 같다. 빨간 벽돌과 회색 벽돌로 아치창 둘레를 두른 고딕식 종탑이 특히 그러하다. 하지만 명동성당보다는 훨씬 아담하고 또 더 없이 아늑하다. 정감이 가는 참 예쁜 성당이다. 높지도 그렇다고 너무 낮지도 않은 매산이 성당을 마치 병풍처럼 포근하게 감싸고 있다.

감곡은 예로부터 서울과 경상도를 잇는 교통의 요지였다. 또 중부지방의 동서를 연결하는 관문 역할도 하였다. 그런 까닭에 권문세가가 이곳에 터를 잡은 모양이다. 감곡성당 자리엔 원래 대궐 같은 기와집이 있었다고 한다. 이토록 좋은 자리에 이렇게 아름다운 성당이 자리를 잡기까지는 가밀로 신부의 헌신적인 기도가 있었다.

감곡성당은 1896년 충청북도에서 첫 번째, 전국에서 열여덟 번째로 설립되었다. 초대 주임으로 가밀로1869~1947 신부가 부임하였다. 그는 프랑스 루르드 성지프랑스 남서부 피레네 산맥 북쪽에 있는 소도시로 세계 3대 성지 중 하나이다. 1858년 2월부터 7월까지 18번에 걸쳐 성모가 나타났다고 전해진다에서 20킬로미터 떨어진 마을에서 태어났다. 그는 자신을 성모에게 봉헌한 신심이 깊은 사람이었다. 1893년 사제 서품을 받고 이듬해인 1894년 한국으로 부임하였다. 첫 부임한 본당은 유서 깊은 교우촌이자 신학당이 있었던 여주 부엉골강천면 부평리이었다. 하지만 본당 사목지가 산지여서 본당 소재지로는 적당한 곳이 아니었다. 임 신부는 어느 날 사목 방문차 장호원 지역을 지나다 매산 밑에 있는 대궐 같은 집을 보고 그곳을 본당 이전지로 점찍어 두었다. 그는 성모께 기도했다. "성모님, 만일 저 대궐 같은 집과 산을 주신다면 저는 당신의 비천한 종이 되겠습니다. 그리고 그 주보성인은 매괴성모님이 되실 것입니다."라고 간청했다. 하지만 그것은 가당치도 않은 일이었다. 그가 점찍은 한옥은 당시 충주 목사이자 명성황후의 육촌 오빠인 민응식의 109칸짜리 저택이었다. 그 집은 임오군란1882 때 명성황후가 한양에서 일시 피신해 머물기도 했던 곳이다. 구입하기란 사실상 불가능한 집이었다. 그러나 임 가밀로 신부가 성모께 기도를 드린 지 2년 후 기적 같은 일이 일어났다. 명성황후를 시해한 일본군이 마을을 습격하였는데 그 와중에 민응식의 집도 불에 타 폐허가 되었다. 성당을 옮길 좋은 기회였다. 1896년 5월 임 신부는 민응식의 집터와 산을 헐값에 구입할 수 있었다.

1896년 9월 가밀로 신부는 본당을 감곡으로 이전하였다. 충청북도에 최초의 성당이 들어선 것이다. 그는 1904년 한옥과 양옥을 절충한 성당을 완공하였다. 그리고 1930년 10월 7일 기존에 있던 성당을 헐고 지금의 고딕식 성당을 신축하였다. 설계는 파리외방전교회 소속 시잘레 신부가 맡았고, 공사는 벽돌 성당 신축 경험이 많은 중국인 기술자들이 담당하였다. 성당의 평면 구조는 좌우에 돌출 출입구를 둔 라틴십자형이다. 회중석은 삼랑식이다. 열주는 8각 석조 기둥이며, 기둥머리에는 큰 사각 받침이 있다. 내부 벽은 회

반죽으로 마감하였고, 바닥은 목조 마루다. 제대 정면에는 한국전쟁 때 인민군에게 총탄 7발을 맞았다는 주보성인 매괴성모상이 있다. 장미꽃으로 둘러싸인 이 성모상은 프랑스 루르드에서 제작하여 성당 건립 때 안치된 것이다. 성모상에는 가슴과 두 손 아래 부분, 옷깃 등에 총탄 자국이 선연히 남아 있다. 많은 천주교 신자들이 이 '성모칠고'를 기리기 위해 감곡성당을 찾는다.

맑고 은은한 종소리
세속의 티끌을 씻어주고

성당 옆에는 옛 사제관이 있다. 1934년에 지은 지하 1층, 지상 2층짜리 화강암 건물이다. 2002년부터 매괴 박물관으로 사용하고 있다. 박물관에는 1914년 첫 성체거동성체를 모시고 성당 밖을 행렬하는 행사 때부터 사용했던 성광성체를 모시는 기물과 성체 보호용 비단 양산인 일산, 예수성심기, 성모성심기, 금실로 짠 제의와 그림으로 만든 천주교 교리서인 요리강령, 진교절요, 순교자 정약종이 지은 <주교요지> 같은 고서와 전례 도구, 교회 유물, 1950년대의 본당 사진 등 1,000여 점을 전시하고 있다.

성당 뒤편 매산에는 묵주기도의 길과 성모광장, 산상 십자가의 길 등으로 구성된 성모 순례지가 조성돼 있다. 산길을 따라 묵주기도 15현의 묵상을 마치고 나면 성모광장에 이른다. 이 광장은 1914년부터 해마다 거행하는 성체거동 행사가 열리는 장소이다. 1943년에는 일제가 성모광장에 신사 건립을 추진하자 가밀로 신부는 '무염시태 기적의 패'를 묻고는 성모께 "공사를 중단하게 해주면 이곳을 성모님께 봉헌하겠다."고 기도했다. 결국 기상이변 등으로 신사 건립 공사는 번번이 차질을 빚다가 해방이 되면서 완전히 중단되었다. 감곡성당은 1955년 8월 15일 매산 중턱을 광장을 만들어 성모께 봉헌했다.

십자가의 길을 따라 매산 정상에 이르면 대형 십자가와 성모상, 사도요한상, 가밀로 신부 성체강복상이 마련되어 있다. 땀을 식히며 묵상을 하고 있는데 타종 소리가 들린다. 아,

얼마나 오랫동안 잊고 지냈던 소리인가?

순례의 길을 내려오다 1947년 선종한 가밀로 신부의 가묘를 만났다. 그는 일제강점기 말 적국인 프랑스 선교사라는 이유로 용산신학교에 연금되어 잠시 본당을 떠나 있어야 했다. 다행히 해방과 더불어 감곡으로 돌아와 사목 활동을 하다 1947년 10월 25일 "성모여, 저를 구하소서!"라는 마지막 말을 남기고 선종하였다. 선종 후 이곳에 묻혔다가 1983년 성당 안 예수성심상 제대 아래에 안치됐고, 묘는 가묘 상태로 보존하고 있다.

성당으로 돌아오는 길은 호젓하면서도 기도의 풍요로움을 느낄 수 있어서 좋았다. 소박하면서도 단아하고, 고요하면서도 평화스러운 매산 기슭에서 오랜만에 나를 돌아보며 조용히 사색과 기도의 시간을 보냈다. 세속의 티끌이 하나 둘 씻겨나가는 것 같다. 마음이 편안했다. 산 아래 풍경도 더 없이 평화로워 보인다.

주변 여행지 TOURISTIC SITE

이천도예촌

이천도예촌은 우리나라에서 가장 큰 도자기 거리이다. 이천시 사음동과 신둔면 수광리 일대에 약 300여 도예 업체가 모여 있다. 1950년대 후반 이후 한국 도예의 중심지 역할을 하고 있다. 도로변에 위치한 판매점과 도자기 전시관도 진풍경이지만 실제 그곳에서 작업이 이루어지지는 않는다. 그런 모습은 오히려 큰 길 뒤편으로 가야 만날 수 있다. 도자기 제조 과정을 볼 수 있는 광경과 예술가들의 작품을 직접 감상하고 싶다면 큰 길 뒤쪽의 작업장이나 공방으로 가면 된다. 도예촌의 진면목은 이곳에 가야 볼 수 있다.

주소 경기도 이천시 사음동, 신둔면 수광리 일대

월전미술관

월전 장우성을 기념하는 미술관이다. 장우성은 근대 한국화를 대표하는 화가 가운데 한 사람이다. 일제시대부터 70년대까지 주로 활동했다. 1991년 그의 작품과 그가 모은 고미술품을 전시하기 위해 서울 팔판동에 월전미술관을 개관하고 운영하다가 2007년 이천시의 요청을 받아들여 공익성을 강화한 이천시립 월전미술관으로 새롭게 개관하였다. 월전미술관은 이천시 설봉공원 옆에 있다.

주소 경기도 이천시 경충대로 2709번길 185(관고동 378) 전화 031-637-0033

이천테르메덴

서울 도심에서 한 시간 거리인 이천시 모가면에 있다. 이천테르메덴은 새롭게 도입된 독일식 온천리조트이다. 단순히 온천욕뿐만 아니라 물놀이와 삼림욕, 테라피, 각종 레저를 한 곳에서 즐길 수 있다. 실내 온천풀, 실외 온천풀, 사우나, 테라피센터, 카페테리아, 바비큐장, 푸드코트 등을 갖추고 있다. 그리고 전통 한옥과 캐러반 캠핑장 같은 숙박 시설도 갖추고 있다. 주소 경기도 이천시 모가면 사실로 988 전화 031-645-2000

또 다른 여행지 롯데프리미엄아울렛, 영릉, 신륵사, 철박물관, 앙성온천

맛집 RESTAURANT

하누연 한우갈비탕, 한우뚝배기. 육회비빔밥

외할머니집과 더불어 감곡면에서 제법 알려진 맛집이다.
하누연은 '한우를 대접하다' 또는 '한우로 잔치를 벌인다'
는 한우연韓牛宴을 소리 나는 대로 적은 상호이다. 시골
식당이지만 외부 모습도 단정하고 내부 공간도 넉넉하
다. 대표 메뉴로 한우육회비빔밥, 된장돌솥비빔밥, 한우
미역갈비탕, 한우불고기정식, 한우갈비살, 냉면 등이 있
다. 중부내륙고속도로 감곡IC에서 가깝다.
주소 충북 음성군 감곡면 가곡로 228
전화 043-881-2547 예산 1~4만원

외할머니집 손두부전골, 청국장, 돌솥비빔밥, 도토리묵밥

감곡에서 꽤 이름난 토속음식점이다. 2012년 음성군이 선
정한 착한 가격 음식점 18곳 가운데 하나이다. 전통 발효
방식으로 만든 청국장과 국산 콩을 손수 갈아 만든 두부

음식으로 이름이 나 있다. 콩나물, 고기 고명, 표고버섯을
넣고 돌솥에 지어내는 돌솥밥과 두부와 각종 야채, 생새
우 따위를 육수에 넣고 끓여내는 손두부전골이 인기 메뉴
이다. 이밖에도 콩비지장, 도토리묵밥 등을 먹을 수 있다.
주소 충북 음성군 감곡면 가곡로 230 전화 043-881-6122
예산 1~3만원

옛날쌀밥집 쌀밥정식, 갈치정식, 불고기정식, 게장정식

한옥을 개조한 이천의 대표적인 쌀밥집 가운데 하나이다. 크고 깨끗한 한옥에서 제대로 된 쌀밥정식을 먹을
수 있는 곳이다. 이천쌀에 인삼과 각종 잡곡을 넣고 지은 돌솥영양밥과 한상 가득 나오는 다양한 밑반찬, 된장
찌개와 생선조림이 나오는 쌀밥정식이 대표 메뉴이다. 밥을 다 먹은 후 즉석에서 누른 밥과 숭늉을 만들어 먹
으면 그 맛이 구수하다. 이밖에 게장정식, 갈치조림, 홍어무침, 한우불고기 등도 판매한다.
주소 경기도 이천시 경충대로 3066 전화 031-633-3010 예산 1만원~2만5천원

또 다른 맛집 관촌순두부(이천), 청목(이천), 시골맛집(여주), 만우정육점 식당(여주)

성공회진천성당
단아하고 품격 높은 한옥 성당

한국의 전통과 문화를 품다_등록문화재 8호
주소 충북 진천군 진천읍 문화3길 72
전화 034-534-2246
대중교통 진천종합버스터미널에서 도보로 10분

이른 아침 까치발로 종종거리던 나는 어떤 노래를 콧소리로 흥얼거리고 있었다. 집을 나서며 푸른색 차양 모자를 챙겼다. 그 순간 내가 흥얼거렸던 노래가 스코틀랜드 민요 '푸른 옷소매'green sleeves라는 것이 생각나자 활기 같은 것이 되살아났다. 이 민요는 헨리 8세가 악곡으로 정착시켰는데, 그의 애간장을 녹이던 푸른 옷소매의 여인이 앤 블린이라는 설이 있다. 성공회와 앤 블린을 떼어놓고 생각할 수 없을 것이다. 그녀를 얻기 위해 이혼을 요구한 헨리 8세는 로마교황청으로부터 파문을 당했다. 그런 그가 수장이었던 영국성공회가 '내외법'에 따라 남녀의 접촉조차 어려웠던 조선 땅에 어떻게 뿌리 내릴 수 있었는지 내심 궁금했다. 진천성당이 한강 이남에 세워진 첫 한옥 성당이라는 것도 나를 설레게 했다. 유서 깊은 한옥 성당은 어떤 향기와 자태를 간직하고 있을지 자못 기대에 부풀었다. 성공회의 조선 선교 역사는 1888년 영국 캔터베리에서 열린 람베스회의에서 벤슨 대주교가 조선 선교를 공식 발표한 뒤, 1890년 영국 해군 군종 사제였던 찰스 존 코프를 파송하며 시작되었다. 초기 지역별 선교지 분할이 이루어졌던 시절, 성공회는 장로교회나 감

리교회가 미처 자리잡지 못한 지역들을 적극적으로 수용하였고, 그 결과 진천, 음성, 무극, 청주 등 충북 지역에 일찍부터 자리잡을 수 있었다.

부드럽고 상쾌한
한옥 성당의 처마선

초대 주교였던 코프는 1907년 월프레드 거니 신부를 진천으로 파송했다. 거니 신부는 62평짜리 고옥을 구입하고 선교를 시작하였다. 개척지마다 세웠던 소학교인 신명학당과 서울과 제물포에 이은 중부권 첫 병원인 '애인병원'을 개설하여 삼각 포교를 하며 광혜원, 여주, 안성까지 교세를 넓혀나갔다. 1921년 화재로 성당이 소실되자 1923년 진천 군청 부근에 새 한옥을 지었다. 성당, 학당, 기숙사, 애인병원까지 갖춘 한옥 성당은 영국의 여느 지역 성당처럼 읍내의 중앙에서 당당하게 신앙공동체의 구심점 역할을 하였다. 한국전쟁의 포화 속에서도 꿋꿋이 살아남은 한옥 성당은 1976년 도로 확장을 위해 위치를 조금 이동했다가, 100주년2007을 앞두고 한옥 성당을 해체한 뒤 지금의 자리에 복원하였다. 처마의 현수곡선은 경쾌한 듯 고졸한 아름다움을 풍긴다. 칸마다 보이는 세살창 가는 살을 가로 세로로 좁게 대어 짠 창문은 단순하고 간결하다. 화려하진 않지만 세세하게 공들인 티가 역력하다. 내부 모습이 궁금할 즈음 신부님이 성당 문을 열어주었다. 조심스레 문지방을 넘어섰다. 다시 유리문 앞에서 서서 실내화로 갈아 신은 뒤 마루가 깔린 본당 안으로 들어섰다.

천장에서 처마까지 삼중으로 이어지는 서까래들이 고스란히 드러난 연등천장이 상승감을 준다. 그 모습은 유럽 교회의 리브 볼트rib vault 를 연상시켰다. 내부의 사모기둥과 서까래, 문틀은 주칠로 마감하였고, 벽과 천장은 흰칠을 하여 단정함을 보탰다. 서까래를 받치고 있는 도리, 도리와 만나는 들보, 이 둘을 떠 받치고 있는 기둥이 자연스럽게 내부를 중앙과 양쪽 측랑으로 구분 짓고 있다. 제대부는 낮은 목책을 둘러 신자석과 구분짓고 있다. 서양의 앱스 형식을 변용한 것이다. 통상 앱스는 반원형이지만 진천성당은 평면이다. 제대부 벽엔 '예수 고난의 십자가'가 걸려 있다. 그 앞에 놓인 호족반 제대도 이채롭다. 성공회는 천주교와 개신교 사이에 있는 중용의 교회이다. 직제는 가톨릭을 따르지만 교리는 개신교에 가깝다. 가톨릭과 달리 여성도 사제가 될 수 있다. 진천성당에서도 여성 사제를 배출하였다. 반면 개신교와 달리 가톨릭교의 7대 성사 세례, 견진, 고해, 성체, 종부, 서품, 혼배를 받아들인다. 성공회의 이런 중용과 포용의 정신이 성당의 구조에도 반영된 점이 놀랍고 감동적이다. "예전 신자석은 가운데 칸막이가 있었습니다. 남녀 신자석을 구분한 것이지요. 이 의자들은 대전 교도소의 무기수들이 만든 것입니다." 관할 사제인 김 디도 신부의 말이다. 옛날엔 남녀 신자가 각각 다른 문으로 들어와 따로 자리를 잡았다고 한다. 하지만 성찬례를 나눌 땐 제대 앞으로 함께 나아가 하느님과 하나됨을 보여주었다. 관습적으로는 남녀를 구분했지만 믿음 앞에서는 남녀 유별을 인정하지 않았으며, 또한 상하의 구별도 없었다. 성당 한쪽에 오래된 풍금이 벽을 향해 놓여 있다. 영국성공회 레체스터교구에 있는 벨그라브교회로부터 1940년경 기증 받은 것이라는데, 특이하게 악보 보면대 위쪽에 거울이 붙어 있다. "연주자가 미사 집전자와 거울을 통해 대화를 하는 것입니다." 어디에서도 이런 풍금을 보지 못해 의아해하는 눈치를 보이자 김 신부가 설명해주었다.

옛 사진 속 종이 보이지 않았다. 어디로 간 걸까? 한 신도가 봉헌하였다는 대종은 1937년 놋쇠로 제작되었다. 태평양전쟁의 막바지에 일본은 전쟁 물자를 조달하기 위하여 교회 종을 끌어내리고 있었다. 초등학생 복사였던 정 빌립보는 헌병들의 폭행에도 불구하고 끝까지 종을 지켰다. 한 달 뒤 아이는 광복을 맞았다. "그 종은 새 성당 중앙탑에 걸려 있습니다. 2003년 성당 축성일에 종을 지켜낸 당사자와 감격스런 타종식을 가졌지요." 나는 새 성당 옆길을 지나 14처 고난의 길을 따라 걸었다. 옛 성당과 새 성당 사이에 신자들을 위해 조성된 묘역이 보인다. 당시에는 국내 유일의 묘역이었다고 한다. 망자에 대한 기억을 공동체 안으로 수용한 점이 놀랍고 감동적이다. 마음이 따뜻하다.

주변 여행지 TOURISTIC SITE

배티성지

최초의 조선교구 신학교 마을로, 진천군 백곡면에 있다. 또
한 한국 천주교의 첫 신학생이며 두 번째 사제였던 최양
업 토마스 신부가 사목을 하였던 곳이다. 그의 업적을 기
념하는 성당과 교우촌, 순례자 묘역이 함께 조성되어 있다.
1866년 병인박해 때 이곳에서 신도 30여 명이 관군에게
학살을 당했다. 윤의병 바오로 신부의 박해 소설 <은화>의
배경이 된 곳이기도 하다. 고개를 넘으면 왼쪽으로 돌십자
가가 나타나며 소로를 따라 내려가며 성지 순례길이 시작
된다. 주소 충북 진천군 백곡면 배티로 663-13 전화 043-533-5710

보탑사

진천군 보련산 자락에 있는 사찰로, 고려시대 절터에 최
근에 다시 지었다. 비구니 스님 세 분이 지어서인지 연못
은 연꽃으로 가득하고 정원의 화초와 석물도 예쁘게 꾸며
놓았다. 수령 300년이 넘은 느티나무가 천왕문 앞에서 넉
넉한 품으로 방문객을 맞는다. 1992년에 불사를 시작해
1996년 완공된 3층 목탑은 황룡사9층 목탑을 모델로 하여
지었다. 1층에서 3층까지 '오를 수 있는 탑으로 유명하다.
높이 42.71미터에 이른다. 2층과 3층 외부에 탑돌이를 할

수 있는 난간을 설치했다. 너와지붕을 얹은 귀틀집 형식의 산신각과 보물 404호로 지정된 고려시대 '진천 연
곡리 석비' 등 볼거리가 많다. 주소 충북 진천군 진천읍 김유신길 641 전화 043-533-0206, 6865

진천 농다리

돌을 깎거나 다듬지 않고 원래 모양 그대로 쌓아 만든 농다리는 천 년을
이어온 자연 돌다리다. 10세기 이전에 만들어진 것으로 추정되며, 동양
에서 가장 오래되고 긴 다리 가운데 하나이다. 일명 '지네 다리'라 불린
다. 원래는 총 28칸으로 100미터가 넘었다고 하나 현재는 24칸만 남았
다. 길이는 93.6미터, 너비는 3.6미터이다. 돌의 뿌리가 서로 물려지게
쌓아 큰 물이 오거나 오랜 시간이 흘러도 다리가 떠내려가지 않는다. 이
와 같은 축조 기술은 국내에 유래가 없다. 충청북도 유형문화재 28호이
다. 주소 충북 진천군 문백면 구곡리 601-32

김유신 장군 탄생지와 태실

김유신은 가야 왕족 출신으로 아버지 김서현이 태수를 할 때 진천에서 태어났다. 무덤이 경주에 있어 많은 이들이 탄생지를 경주라 생각하는데, 진천이 고향이다. 계양마을 입구 장군터라 불리는 곳에 1983년 유허비가 건립되었으며, 뒤에 있는 태령산462미터 정상에 태실이 있다.
주소 충북 진천군 진천읍 김유신길 17 전화 043-539-3840

맛집 RESTAURANT

두부촌 두부, 비지, 콩국수

향토 음식점답게 토담 주변을 항아리로 장식한 점이 인상적이다. 김유신 장군 탄생지와 보탑사 방면 21번 국도변에 있어 찾기 쉽다. 한지를 바른 황토방은 두부처럼 소박하고 편안하다. 무공해 콩으로 만든 토속 두부, 비지, 콩국수를 일 년 내내 즐길 수 있는 곳이다. 이 집의 대표 요리는 손두부보쌈이다. 인근 마을에서 재배한 유기농 깻잎 절임에 손두부와 돼지고기를 얹어 먹는데, 콩의 질감이 그대로 살아 있는 손두부와 삭힌 깻잎의 조화를 새롭게 경험할 수 있다. 직접 콩을 갈아 만든 콩국수는 아주 진하고 고소하다. 곁들여 나오는 곰삭은 묵은지는 감칠맛이 돈다. 연중무휴이다. 주소 충북 진천군 진천읍 금사로 341 전화 043-533-9949 예산 1~4만원

송애집 붕어찜, 메기찜

4대째 전해오는 붕어찜을 먹을 수 있는 집이다. 붕어찜에 관한 한 충북 전역에서 가장 유명한 집이다. 큼직한 냄비에 알이 굵은 붕어를 넣고 푹 쪄낸 붕어찜은 맛이 아주 각별하여 민물 생선의 비린 맛을 전혀 느낄 수 없다. 톡톡 씹히는 알이 꽉 찬 붕어 맛이 정말 일품이다. 푹 삶은 시래기에 수제비가 들어가 싱싱한 붕어의 단맛을 느낄 수 있다. 초평저수지가 바라다 보이는 별실에서 얼큰한 붕어찜으로 몸 보양을 해보시길. 잔 가시가 걱정된다면 메기찜을 먹으면 된다. 주소 충북 진천군 초평면 초평로 1051-5 전화 043-532-6228 예산 2만원

단골집 붕어찜, 도리뱅뱅이

초평호수가 내려다 보이는 낚시터 입구에 위치하여 시원한 전망을 즐길 수 있다. 붕어찜도 맛이 좋고, 도리뱅뱅이로 눈과 입을 모두 만족시키는 집이다. 도리뱅뱅이는 넓직한 철판에 가지런하게 두른 자연산 피라미를 살짝 튀긴 뒤에 다진 마늘, 고춧가루, 간장, 참깨 등을 넣은 양념을 듬뿍 발라 구워서 내온다. 홍고추와 파를 올려 나오는 도리뱅뱅이는 저수지에서 맛보는 민물 피자라고나 할까. 바삭바삭하고 고소한 맛이 일품이이다. 연중무휴이다. 주소 충북 진천군 초평면 초평로 1053 전화 043-532-6171 예산 2만원

옥천성당
눈이 부시게 푸르른 성당

정지용의 <향수>를 닮았다_등록문화재 7호
주소 충청북도 옥천군 옥천읍 중앙로 91
전화 043-731-9981
대중교통 옥천역 또는 옥천버스터미널에서 도보로 12분, 택시로 5분

내가 살았던 고향엔 조그만 성당이 있었다. 마을에서 가장 높은 곳이었는데, 콘크리트 벽돌 건물에 함석지붕을 이고 있었다. 지붕을 녹색으로 칠하여 멀리서도 잘 보였다. 미술 시간 내 풍경화의 주제는 항상 성당이었다. 늘 보았던 모습이라 눈을 감으면 주변 풍경까지 생생하게 떠올랐다.

성당이 사람들로 늘 붐볐던 것은 아니다. 문이 잠겨 잡초가 무성할 때도 있었고, 말끔히 정리되어 신자들이 북적거릴 때도 있었다. 지금 생각해 보면 공소나 성당이 되었다가, 다시 폐쇄되기를 반복했기 때문인 듯하다. 옥천성당은 마치 고향 마을 성당처럼 세월의 부침을 겪었다. 그래도 산에 들에 피어나는 야생화처럼 언제나 끈질긴 생명력을 보여주었다. 그래서일까? 옥천성당을 생각하면 어릴 적 고향의 성당을 보는 것 같아 마음이 저절로 애틋해진다.

언제부터 옥천에 천주교가 들어왔는지 알려주는 정
확한 기록은 없다. 다만 1866년 충청도 해미에서 순교
한 박춘정과 1868년 전라도 여산에서 순교한 이영화
가 옥천 사람인 것으로 보아 박해기에 이미 천주교가 널리 퍼졌음을 짐작할 따름이다. 옥
천에 공소가 처음 설립된 때는 1903년 11월이다. 공주본당의 제2대 주임 파스키에 신부
가 옥천으로 직접 와서 박 바실리오 외 5명에게 세례를 주었다. 이를 계기로 옥천은 충북
남부 지방의 중요한 전교 거점으로 성장하였다. 1905년 개통된 경부선 철도도 옥천 지역
천주교 발전에 한몫 단단히 했다. 철도가 지나게 되자 옥천이 경상도와 충청도의 신앙 벨
트를 연결하는 중간 지점이 된 것이다. 마침내 1906년 5월, 부여 금사리성당에 이어 두 번
째로 공주본당에서 독립하게 되었다. 초대 주임으로는 홍병철 신부1874~1913가 임명되었
다. 그는 한국 천주교의 열 번째 사제로, 말레이시아 페낭신학교와 서울 용산성심신학교
를 거쳐 1899년 사제 서품을 받았다. 홍 신부는 1906년 부임하여 마흔의 나이에 선종하
기까지 옥천을 신앙의 옥토로 바꾸는데 결정적인 역할을 하였다.

홍병철 신부는 1906년 15칸짜리 옛 가옥을 성당과 사제관으로 개조하고 옥천읍 이문동
에 첫 본당을 열었다. 프란치스코 하베에르를 주보성인으로 삼았으나 뒤에 변 로이 신부가
아기 예수의 성녀 데레사를 주보성인으로 바꾸었다. 옥천성당은 공소로 격하되었다가 본
당으로 승격하고, 다시 공소로 격하되는, 마치 우리나라 옛 여인네의 삶과 같은 굴곡진 세
월을 보냈다. 현재의 본당은 로이 페티프렌 신부가 8대 주임으로 있던 1956년 완공하였다.
1950년대 충북에서 지어진 성당 건축물로는 유일하게 근대문화유산 7호로 지정되었다.

성당으로 오르는 길은 옥천의 시인 정지용1902~1950의 <향수> 한 구절을 떠올리게 한다.
길은 실개천이 휘돌아 가듯 본당 둘레를 휘감아 언덕을 오른다. 빙 돌아 언덕에 올라서
면 소나무숲 정원이 보이고 몸을 오른쪽으로 완전히 돌리면 비로소 성당이 보인다. 언뜻
보면 그냥 하늘 같다. 파란 하늘 아래 그 보다 옅은 하늘색 성당이 부드럽게 시선을 잡아

옥천성당은 언뜻 보면 그냥 하늘 같다. 파란 하늘 아래
그 보다 엷은 하늘색 성당이 부드럽게 시선을 잡아 당긴다.

당긴다. 선명하지도 않고 아주 밝지도 않은 파스텔톤이다. 그 동안 많이 보아온 붉은 벽
돌 성당과는 첫 인상부터 색다르다. 로이 신부가 <향수>를 읽고, 그 분위기에 취하여 설
계한 게 아닐까 싶을 만큼 정지용의 시와 잘 맞는 색깔을 입혔다. 성당은 '내 마음 파란
하늘빛이 그리워'라는 구절처럼 읍내가 내려다 보이는 언덕 위에 천주교인들의 파란 하
늘이 되어 서 있다.

맑고 은은한 종소리   성당 창문과 출입구는 모두 아치이다. 세 개의 출입구
기도가 되고 찬송가가 되다   가 단순한 원형 아치인데 비해 창문은 십자형 창살로

조형미를 더했다. 주 출입구에 들어서면 하얀 줄이 내려와 있다. 첨탑의 종을 치기 위해 늘어뜨려 놓은 것이다. 종은 1956년 신축 당시 프랑스에서 제작하여 가져온 것이라고 하는데, 지금도 줄을 당겨 종을 친다는 말을 들으니 어렸을 때 고향의 성당 종소리가 들려오는 듯하여 마음에 작은 파문이 연달아 인다.

안으로 들어가 제대 쪽으로 가면 전면부가 확 넓어진다. 초기에는 장방형 구조였으나 1991년 성당 후면 벽을 철거하고 트란셉트transept, 십자형 성당의 좌우 날개, 익부 또는 익랑라고도 한다와 제단부앱스를 증축하면서 라틴십자형으로 바꿨다. 제대 왼쪽 날개에는 유물전시관이, 오른쪽에는 성가대가 자리하고 있다. 유물전시관은 그리 크지 않지만 100년 성당의 발자취와 옥천 사람들의 신앙적 향기를 느낄 수 있다. 옛 교리 문답집을 비롯하여 구 성당 감실, 종, 십자고상, 유화로 제작한 14처 십자가의 길 등을 살피며 과거로 신앙 여행을 떠날 수 있다.

성당을 나오면 소나무 숲과 작은 관목이 자라는 정원이 있다. 십자가의 길이 나무 사이로 소담하게 나 있다. 소나무와 느티나무 아래에 다소곳이 서 있어 운치 있는 산책길 같다. 정원 옆 교육관을 지나면 성모자상이 보인다. 동글동글한 얼굴에 살짝 미소를 띤 얼굴이 어머니보다는 소녀 같다. 간결하면서 부드러운 곡선이 따뜻한 느낌을 준다. 성모 품에 안긴 아기의 반달 눈웃음이 행복해 보인다.

성당을 다 둘러보고 나무 그늘 아래에 앉았다. 손에 잡힐 듯 종탑이 보인다. 사람이 치는 종소리를 듣고 싶었다. 정오가 되자 뎅~하고 삼종기도 종소리가 울렸다. 잘 다듬어진 기계음이 아니라 종의 몸통이 만들어 내는 원음 그대로의 소리가 은은하게 울려 퍼진다. 청아하고 맑은 종소리는 그대로 찬송가가 되고 기도가 되는 것 같다. 종소리는 저 아래 시내로 내려가 사람들의 마음을 위로해 주고, 나무와 꽃과 새의 어깨를 따뜻하게 다독여 주는 듯했다. 성당에서 내려다본 정오의 소읍은 더없이 평화로워 보였다.

주변 여행지 TOURISTIC SITE

정지용생가

정지용은 1902년 옥천에 태어났다. 1930년대 시문학파로 서정시의 대표 주자였다. 가요로 불려져 더욱 유명해진 <향수>를 비롯한 서정적이고 주옥같은 명작을 남겼다. 원래 생가는 1974년에 허물어지고 다른 집이 들어섰으나 1996년에 옛 모습대로 복원하였다. 생가 여기저기에 정지용의 시를 걸어두어 그의 시 세계를 천천히 음미할 수 있다. 생가 뒤에는 정지용의 생애와 작품 세계를 이해할 수 있는 정지용문학관이 있다. 생가 앞에는 <향수>에 나오는 실개천이 있다. 여전히 맑은 물이 지즐대며 흐르고 있다. 주소 충북 옥천군 옥천읍 향수길 56 전화 043-730-3408

둔주봉 한반도지형

영월의 선암마을과 더불어 한반도 지형을 볼 수 있는 곳이다. 둔주봉 정상에 서면 한반도와 모양이 비슷한 봉우리를 볼 수 있다. 안남면사무소에 주차를 하고 마을 어귀에서 시작되는 탐방로를 따라 시골 정취를 느끼며 약 1.4킬로미터 정도 오르막길을 걸어야 한다. 등산로 양 옆은 늘 푸른 소나무 숲이다. 소나무 향이 그윽하여 마음까지 저절로 상쾌해진다. 둔주봉 정자에 다다르면 드디어 한반도 지형이 눈 앞에 시원스레 펼쳐진다.

주소 충북 옥천군 안남면 연주길 46

부소담악

부소담악은 옥천의 소금강이라 불린다. 옥천군 군북면 추소리 부소무니 마을 앞 호반에 바위 봉우리가 700미터 가량 병풍처럼 펼쳐져 장관을 이룬다. 우암 송시열이 소금강이라 예찬하였을 만큼 옥천 제일의 절경이다. 부소담악 능선을 따라 산행을 할 수 있다. 높거나 험하지 않아 트레킹 하듯 걷기에 알맞다. 길 옆을 조금만 벗어나면 아찔한 낭떠러지이므로 조심해야 한다. 능선을 오르다 보면 추소정이라는 정자를 만나는데, 이곳에 서면 부소담악의 능선과 강물이 파노라마처럼 한 눈에 들어와 눈맛이 시원하다.

주소 충북 옥천군 군북면 추소길 30

또 다른 여행지 향수100리길, 장령산휴양림

맛집 RESTAURANT

구읍할매묵집

옥천읍 문정리에 있는 오래된 음식점이다. 1946년, 지금은 작고한 김
양순 할머니가 처음 문을 열었으며, 지금은 막내 아들과 며느리가 2대
째 이어오고 있다. 이 집은 중국산이 넘쳐나는 지금도 국산 도토리만을
사용하여 묵을 만든다. 묵은 어디나 비슷한 맛을 내지만 이곳 묵은 살
아 있는 듯 탄력이 넘치고 쫄깃하다. 10개 내외의 앉은뱅이 탁자가 있
는 아담한 식당으로 실내도 음식 맛도 깔끔하고 정갈하다. 주요 메뉴로
는 도토리묵, 도토리전, 메밀묵이 있다. 정지용 생가가 50미터 거리에
있다. 주소 충북 옥천군 옥천읍 향수길 46 전화 043-732-1853 예산 1만원

금강올갱이

다슬기를 충청도에서는 올갱이라고 부른다. 금강올갱이는 올갱이국
밥과 올갱이무침만 파는 올갱이 전문식당이다. 올갱이에는 아미노산
이 16종이나 함유되어 있고, 무기질, 칼슘이 풍부한 고단백 영양 식품
으로 특히 간에 좋다. 올갱이국밥엔 푸른 올갱이가 한 움큼 들어 있다.
된장과 아욱을 넣어 맛이 구수하면서도 깔끔하다. 밑반찬은 김치와
깍두기, 된장과 양파, 그리고 풋고추가 전부이지만 올갱이국에 밥을
말면 반찬에 손이 가지 않는다. 가게는 낡았으나 음식에 대한 평판은
제법 좋은 편이다. 주소 충북 옥천군 옥천읍 옥천로 1491 전화 043-731-4880 예산 8천원~2만원

춘추민속관

춘추민속관은 지은 지 250여 년이 된 마당 깊은 집이다. 체험과 숙박, 식사를 함께 할 수 있는 곳으로 정지용
생가와 200미터 거리에 있다. 이곳은 사간원 정언을 지낸 김치신이 1760년에 지은 것으로 추정되는 건물이
다. 고택의 정취가 운치를 더해준다. 가양주 만들기와 국악 공연 같은 체험 프로그램을 진행하는 ㅁ자형 안채
와 민박과 음식점으로 사용하는 별채가 있다. 출입구 쪽에 찻집이 있어 누구나 들러 이용할 수 있다. 단체 손
님이 예약을 하면 가양주 만들기와 국악 공연 등을 체험할 수 있다. 주소 충북 옥천군 옥천읍 향수3길 19 전화
043-733-4007 예산 1~2만원

또 다른 맛집 마당넓은집, 대박집, 별미올갱이, 경진각, 금강식당, 선광집

전라도·대구
경상도·제주
Jeollado·Daegu
Gyeongsangdo·Jeju Island

전주 전동성당·익산 나바위성당·부안성당·대구 계산성당
왜관 가실성당·울산 언양성당·진주 문산성당·김대건 신부 표착 기념성당

전주 전동성당

동양에서 가장 아름다운 성당

이곳에서 한국 첫 순교자가 나왔다_사적 288호

주소 전북 전주시 완산구 태조로 51
전화 063-284-3222
대중교통 ①전주고속버스터미널에서 5-1, 79번 승차 후 남부시장 하차(25분)
②전주역 첫마중길정류장에서 119, 511, 513, 514, 515, 535, 536, 545번 승차 후 한옥마을 하차(35분)

풍남문 옛 전주 읍성의 남문을 지나며 한옥마을로 접어든다. 주위에 옹성을 두른 풍남문은 갑오농민전쟁 때 지난한 민초들의 삶을 말없이 지켜본 성문이다. 또한 서슬이 퍼렇던 박해시절 많은 천주교인이 신앙의 정절을 지켜낸 곳이기도 하다.

전주한옥마을에 들어서니 전동성당사적 288호의 아름다운 종탑이 기미도 없이 눈앞에 나타난다. 종탑이 고색창연하다. 전동성당 자리는 원래 전주감영이 있던 곳이다. 1700년대 후반 이후 연이어 터진 박해 때마다 전주감영 감옥에서 많은 신자들이 순교하였다. 한국 최초의 순교자가 나온 것도 바로 전동성당 자리이다. 한때 천주교인들이 스러져간 곳에 성당이 들어선 것은 단순히 우연이라고 여기기에는 그 뜻이 너무 깊어 보인다.

비가 내리는 아침, 성당은 더할 나위 없이 평화로운 기운에 쌓여 있다. 잘 가꾸어진 잔디와 푸르른 수목 그리고 고풍스런 성당이 만들어내는 풍경이 너무 아름다워 사제관 앞뜰에서 성당과 종탑을 조용히 바라보았다. 붉은 벽돌과 초록색 지붕이 그려내는 색채도 이채롭거니와 직선의 지붕선과 곡선의 종탑이 어우러져 더없이 매력적이다. 기와집이 옹기

종기 어깨를 맞댄 한옥마을에 서 있는 이국적인 건축물이 낯설게 느껴질 법도 하지만 선입견과는 다르게 놀라울 만큼 조화롭다. 성당의 종소리가 쏟아져 내리면 한옥마을 전체가 함박눈처럼 은총으로 가득 쌓일 것 같은 느낌이 들었다.

로마네스크 건축이
비잔틴 양식을 만났을 때

성당 앞마당으로 들어서자 흰 옷을 입은 그리스도가 양팔을 벌려 순례객을 맞는다. 화강암 기단 위에 서 있는 장엄한 성당 외관에 절로 경외심이 솟는다. 중앙 종탑과 양쪽의 작은 종탑의 조화는 물론 붉은 벽돌 건축물 벽체에 난 아치형 문들이 만들어 내는 곡선의 미가 더해져 과연 동양에서 가장 아름다운 성당이라는 말이 허언이 아님을 실감하게 된다.

전동성당은 이색적이고 고풍스런 분위기 탓에 대중에게 많은 사랑을 받고 있다. 영화 <약속>에서 전도연과 박신양이 텅빈 성당에서 슬픈 결혼식을 올린 곳이 전동성당이다. 그밖에 <전우치>를 비롯한 많은 영화와 드라마의 배경이 되기도 하였으며 젊은 연인들의 프러포즈 명소로도 인기가 높다. 휴일이나 전주국제영화제 같은 굵직한 행사 기간에는 많은 방문객들이 한옥마을과 전동성당의 아름다움에 취해 연신 카메라 셔터를 누르는 모습을 볼 수 있다.

전동성당은 파리외방전교회 소속 보두네1859~1915 신부가 부지를 매입하고, 명동성당 건축을 마무리한 프와넬 1855~1925 신부가 설계와 감독을 맡아 1914년 완성시켰다. 문을 열고 들어선 성당 내부는, 장엄했다. 로마네스크 10~12세기에 유행한 유럽의 건축 양식. 창문과 출입문을 둥근 아치형으로 만든 게 가장 큰 특징이다와 비잔틴 양식 6세기에 전성기를 누린 건축 양식. 돔 형식이 가장 두드러진 특징이다 이 조화를 이루는 성당의 내부는 기둥과 기둥 사이는 물론 높은 천장까지 끝없는 아치의 연속이다. 원과 반원이 교차되고 반복되며 이루어내는 조화는 화려

함의 극치였다. 중앙 통로를 걸어 한 걸음 한 걸음 제대 앞으로 다가갔다. 스테인드글라스
창을 통해 들어온 빛이 내부 공간을 성스럽고 신비로운 기운으로 가득 채우고 있다. 어
둠을 이기고 밝은 곳으로 나아가고자 하는 영성의 세계가 드라마틱하게 전개되고 있다.
흔히 '명동성당은 아버지 같고, 전동성당은 어머니 같다'고 말한다. 실제도 그러하다. 전
동성당 제대 앞에서 빛의 은총에 젖어본 사람은 누구나 자애로운 어머니 품 같은 포근함
을 느꼈을 것이다. 빛의 구역에서 나는 오랫동안 무릎을 꿇고 묵상과 기도의 시간을 이
어갔다. 창문을 통해 쏟아져 내리는 빛 속에서 신앙의 정절을 지켜낸 이 땅의 순교자들
을 위해 깊이 머리를 숙였다.

전동성당의 가치는 아름다운 건축뿐만 아니라 한국 천주교 순교 일번지라는 장소성에서
도 찾아야 한다. 전동성당의 역사를 알고 나면 흔히 말하는 '하느님의 준비하심'에 공감하
지 않을 수 없다. 풍남문 밖 지금의 전동성당 자리는 신해박해1791 때 우리나라 최초의 순
교자 윤지충과 권상연이 목숨을 잃은 곳이다. 1791년 고산 윤선도의 6대손인 윤지충과 외
종사촌 권상연은 윤지충이 모친상을 당하자 모친의 유언에 따라 조문을 받지 않고 제사도
지내지 않았다. 신주를 불태운 뒤 가톨릭 의식대로 장례를 치렀다. 이것이 그 유명한 전라
도 진산 지금의 충남 금산군 진산면 사건이다. 유교의 계율이 엄격하던 그 시절 제사를 폐하고
신주까지 불태웠으니 종친들의 분노는 하늘을 찔렀다. 또 이 사건을 정치적으로 이용하려
는 사람들에게는 서학과 천주교인들을 공격할 좋은 명분이었다. 무부무군無父無君의 대역
죄는 상상을 초월하는 파장을 몰고 왔다. 결국 그들은 전주감영에서 참수당한 뒤 풍남문
문루에 효수되었다. 2014년 8월 프란치스코 교황은 윤지충과 권상연을 복자로 시복하였다.

순교 터에 피어난
꽃보다 아름다운 성당

그러나 천주교 신자들은 이후 일어난 박해 때마다 이
들을 신앙의 모범으로 삼아 믿음을 이어갔다. 목숨을

전동성당 내부. 로마네스크와 비잔틴 양식이 조화를 이루는 성당의 내부는
기둥과 기둥 사이는 물론 높은 천장까지 아치가 연속적으로 이어지고 있다.

버리는 것도 두려워하지 않았다. 10년 후인 신유박해 때 이곳에서 순교한 '호남의 사도' 유항검은 주문모 신부를 국내에 잠입시킨 장본인이다. 그의 아들 유중철과 며느리 이순이는 세계 천주교회사에 유례없는 동정 부부로 회자된다. 성가정을 신앙의 표본으로 삼는 천주교이지만 이처럼 아름다운 부부가 세상에 또 있을까 싶다. 이들 일족은 참수형, 능지처참형을 받아 이곳에서 순교하였으나 윤지충, 권상연과 함께 시복되어 이제 그들의 절대적으로 순수한 믿음은 세계 천주교 신자들의 가슴 속에서 새롭게 부활하였다.

말없이 서서 참수와 능지처참의 끔찍한 현장을 지켜보았을 전주성의 성곽은 일제에 의해 처참하게 헐렸다. 순교자들이 피를 흘린 이곳에 100년의 시간이 흐른 후 전동성당이 세워졌는데, 방치되었던 성곽의 돌은 파리외방전교회 소속 보두네1859~1915 신부에 의해 성당 주춧돌로 다시 태어났으니 '하느님의 은총과 준비하심'이 아니고는 무슨 말로 설명이 되겠는가?

성당을 한 바퀴 돌며 오래된 건축물이 뿜어내는 매혹적인 아름다움에 취하다 보면 또 하나의 고풍스런 건물을 만난다. 전동성당 부속 건물인 사제관이다. 붉은 전돌로 좌우대칭의 균형미를 살려 지은 사제관은 본당과 어우러져 성당 경내의 엄숙하면서도 부드러운 분위기를 완성시킨다. 돌을 깨고 다듬어 쌓아 올린 사제관 1층 외벽은 붉은 벽돌이 주조를 이루는 성당과 미학적인 대비를 보여준다. 건물 양쪽의 포치건물 입구에 갖추어 놓은 작은 지붕 하단을 장식하는 십자 꽃담은 십자가가 지니는 궁극적인 아름다움을 절묘하게 표현하고 있다.

사제관 동쪽의 피에타 상 앞에 사람들이 둘러 서 있다. 바티칸에 있는 미켈란젤로의 피에타를 모사한 작품이다. 숨을 거둔 예수를 끌어안고 비통함에 잠긴 성모의 얼굴에 세상 그 어떤 고통보다 더한 슬픔이 배어 있다. 자식의 주검을 품에 안은 어머니의 슬픔이 화살이 되어 내 가슴에 박힌다. 세월호! 차가운 바닷물 속에서 나온 꽃 같은 자식을 끌어안고 통곡하던 어머니들의 통한이 다시 가슴을 후벼 판다.

전동성당 피에타상과 한국 천주교 최초의 순교자인 윤지충과 권상연의 동상.
1791년 신유박해 때 순교한 두 사람은 2014년 8월에 복자로 시복되었다.

성당을 나오면 크고 작은 한옥이 만들어 내는 전통의 아름다움에 마음을 다시 뺏긴다. 여행객들이 긴 줄을 만드는 음식점도, 예쁜 카페도, 공예품을 파는 가게도 모두 한옥이다. 그저 구경만 하게 해놓은 전시용 한옥이 아니라 사람들이 저마다 자신의 이야기를 만들며 삶을 이어가는 사람 냄새 나는 한옥이다. 아주 오랜 세월 이곳을 지켜온 한옥은 물론이고, 이제 막 새로 지어진 한옥들, 그리고 한옥은 아니지만 오래 전부터 이곳에 터를 잡은 소박한 양옥들까지 전주의 향기를 가득 품고 있다. 한옥마을 골목길을 느린 걸음으로 걷다보면 오래 묵은 시간의 편린들이 나지막한 돌담을 넘어와 지나가는 길손에게 오래된 전주 이야기를 들려준다. 100년 넘게 이 마을을 지켜온 전동성당도 비교할 수 없는 매력으로 한옥마을에 또 하나의 아름다운 표정과 이미지를 만들어 낸다.

주변 여행지 TOURISTIC SITE

전주 한옥마을

1930년대 일본인의 세력 확장에 대한 반발로 풍남동 일대에 형성된 한옥촌이다. 나지막한 한옥이 지붕을 맞대고 있는 풍경도 아름답지만 골목골목에 들어선 아기자기한 한옥 상점이 전주의 맛과 멋을 전해준다. 공예품점, 맛집, 한옥 게스트하우스, 멋진 카페를 구경하며 산책을 즐기다 보면 어느새 전주가 가슴으로 들어와 있다. 마을길을 따라 조성된 실개천 주위에 작은 야생화 정원, 정자 등이 여행의 정취를 더해준다. 주소 전북 전주시 교동, 풍남동 일대

경기전

태조 이성계의 어진을 모신 곳이다. 전동성당과 한옥마을에 인접해 있다. 경내에는 본전을 중심으로 전주 이씨 시조인 이한공의 위패를 봉안한 조경묘, 조선왕조실록을 보관한 전주사고, 예종의 태를 묻은 태실 등이 있다. 국내 유일의 어진박물관에서는 여러 왕들의 어진을 감상할 수 있다. 분향례, 왕실 복식 체험, 수문장 체험도 할 수 있다. 경내는 아름드리 수목들이 우거진 숲을 이루고 있다. 경기전의 긴 담을 따라 조용히 걷다보면 전동성당의 아름다운 종탑이 한옥 지붕선과 어울려 또 다른 감동을 안겨준다. 주소 전북 전주시 완산구 태조로 44 전화 063-287-1330

남부시장과 하늘정원

우리나라 전통시장의 효시라 할 수 있는 곳이다. 한때 호남 제일의 시장이라 불릴 만큼 규모가 컸다. 특히 전주가 자랑하는 맛집 몇 곳이 시장 안에 있어 길게 줄을 서 있는 모습을 늘 볼 수 있다. 시장 2층에는 하늘정원과 청년몰이 있다. 또 청년들의 톡톡 튀는 아이디어로 운영되는 청년몰이 관광객들의 인기를 끌고 있다. 아기자기한 소품을 파는 가게, 독특한 공방들, 음식점, 카페 등이 성업중이다. 전통시장에 활기를 불어넣은 청년들의 열정과 패기로 청년몰은 전주가 자랑하는 또 하나의 명물거리가 되었다. 주소 전북 전주시 완산구 풍남문1길 19-3 전화 063-284-1344

전주 막걸리골목과 가맥집

삼천동, 서신동, 경원동 등에 자연스럽게 형성된 막걸리골목이 애주가들의 사랑을 받고 있다. 어느 집을 들어가도 막걸리 한 주전자를 시키면 스무 가지가 넘는 푸짐한 안주가 나온다. 다시 한 주전자를 주문하면 새로운 안주가 또 나온다. 술 주전자가 계속 될수록 가게의 사활을 건 비장의 안주들이 쏟아져 나와서 손님들의 발을 붙잡는다. 전주에만 있는 독특한 술 문화인 가맥가게 맥주집도 들를 만하다. 전일갑오, 영동가맥 등에서 가볍게 입가심하는 것을 잊지 말자. 주소 전주시 삼천동, 서신동, 경원동, 효자동, 평화동 일대

또 다른 여행지 국립전주박물관, 덕진공원, 풍남문, 오목대와 이목대

맛집 RESTAURANT

가족회관 비빔밥

비빔밥 기능보유자가 운영하는 40년 전통을 자랑하는 식당이다. 유기
에 담겨서 나오는 비빔밥 밥알은 사골국물로 지어 찰지고 맛있다. 함께
나오는 15가지나 되는 반찬이 한정식을 방불케 한다. 예약하면 가족회관
정식, 백반도 즐길 수 있다. 주소 전북 전주시 완산구 전라감영5길 17 전화
063-284-2884 예산 1만2천원~3만원

삼백집 콩나물국밥

50년 넘는 전통을 지닌 콩나물국밥 전문점이다. 허영만의 만화 식객에 소개
되어 유명세를 탄 집이다. 예전에 하루에 삼백그릇만 팔았다고 해서 삼백집
이란 상호가 붙여졌다. 밥과 콩나물, 김치, 양념 등을 뚝배기에 넣고 끓인 후
생달걀을 얹어 나온다. 뜨끈한 국물을 좋아하는 사람들에게 안성맞춤이다.
주소 전북 전주시 완산구 전주객사2길 22 전화 063-284-2227 예산 7~8천원

반야 돌솥밥

국내 최초로 돌솥밥을 개발한 식당이다. 잣, 밤, 은행, 우엉, 버섯 등을 올려 고슬고슬한 밥을 짓는다. 한약을 우린 물
로 지어 밥맛이 아주 좋다. 이 집만의 양념장으로 비벼 먹는다. 싱싱한 겉절이를 얹어 먹는 맛도 좋지만, 다 먹은 뒤
숟가락으로 긁어 먹는 누룽지 맛이 일품이다. 석쇠에 구운 도라지구이도 특색이 있다.
주소 전북 전주시 완산구 홍산1길 6 전화 063-288-3174 예산 1만원~1만8천원

한국식당 백반

한옥마을에서 멀지 않은 곳에 있는 백반집이다. 저렴한 가격과 깔끔한 외관으로
경제적인 전주의 맛을 즐기려는 직장인들에게 인기가 있다. 청국장, 김치찌개, 계
란찜에 잡채, 나물 등 20여 가지의 반찬이 깔린다. 반찬이 모두 소진되면 영업을
종료한다. 주소 전북 전주시 완산구 전라감영로 48-1 전화 063-284-6932 예산 8천원

또 다른 맛집 갑기회관(비빔밥), 성미당(비빔밥), 현대옥(콩나물국밥), 왱이집(콩나물국밥), 풍전콩나물국밥,
백번집(한정식), 전라회관(한정식), 호남각(한정식), 조점례 남문피순대, 풍남순대국밥, 금암피순대(피순대), 용
진집(막걸리), 홍도주막(막걸리), 옛촌막걸리(막걸리), 전일갑오(가맥), 영동슈퍼(가맥), 에루화(떡갈비), 교동떡
갈비, 베테랑 칼국수, 한벽집(민물매운탕), 다우랑(수제만두), 촌놈의 손맛(완자꼬치), 풍년제과(수제초코파이),
모정꽈배기, 외할머니솜씨(흑임자빙수), 츄남(수제 츄러스), 한옥문 꼬지(문어꼬치)

익산 나바위성당

청년 김대건, 신부가 되어 이곳으로 입국하다

김대건 신부의 서품과 입국을 기념하는 성당_사적 318호

주소 전북 익산시 망성면 나바위1길 146
전화 063-861-8182
대중교통 강경 대흥시장에서 333번 승차 후 화복정류장에서 하차(15분)
익산역 또는 익산고속버스터미널에서 333번 승차 후 화복정류장에서 하차(90분)

설렘 반 걱정 반 심정으로 눈을 떴다. 어젯밤, 폭우가 내리고 기함할 정도로 천둥과 번개가 내리쳤던 터여서 아침이 밝자마자 창문부터 열었다. 비는 오지 않았으나 하늘엔 검은 구름이 가득하다. 언제라도 비가 쏟아질 듯한 기세였으나 그래도 출발을 하기로 하였다. 다행히익산에 가까워질수록 구름이 걷히더니 너른 들판에 햇볕이 내리고 있었다. 성당은 화산 華山에 있다고 했다. 조선의 주자 朱子가 되고 싶었던 우암 송시열 1607~1689이 산세가 아름다워 이렇듯 멋진 이름을 지었다고 하기에 꽤나 높은 산일 줄 알았다. 하지만 실제 와서 보니 작은 동산이다. 나바위 나암羅巖, 화산 줄기 끝에 넓게 펼쳐진 바위. 성당 이름을 이 바위에서 따 지었다 성지 표지석을 지나자 성당 종탑부가 보인다. 표지석은 이곳이 사제 서품을 받은 김대건 신부가 배를 타고 서해를 건너와 첫 발을 내디딘 축복의 땅임을 묵묵히 증언하고 있다. 입구에 들어섰지만 성당은 자신의 모습을 전부 보여주지 않는다. 마치 첫 선을 보는 여자처럼 수줍은 듯 옆으로 살짝 비켜 앉았다.

계단 아래 피에타상이 순례객을 먼저 맞이해준다.

한옥과 서양 건축의
융합이 빚어내는 아름다움

피에타상은 대부분 성모마리아가 죽은 예수를 무릎에 안고 있는 모습을 형상화하고 있는데, 이곳 피에타상은 쓰러지기 직전의 예수를 성모마리아가 두 팔로 부축하고 있는 모습으로 표현했다. 모습은 다르지만 비탄에 빠지기 직전의 성모를 마음이 아플 정도로 잘 표현하고 있다. 계단을 천천히 오르면 계단과 강당 뒤쪽에 살짝 숨어있던 성당이 비로소 온전하게 모습을 드러낸다. 독특하다. 한옥 양식과 서양식 건축이 절묘하게 융합되어 있다. 낯익은 듯 새롭고, 새롭지만 매력적이다. 성당과 직각을 이루고 있는 사제관은 한술 더 뜬다. 붉은 벽돌만 빼고 나면 영락없는 우리 한옥이다. 안팎을 제대로 살피기도 전에 나바위성당에 반해버렸다. 잠시 세월을 건너 뛰어 160여 년 전으로 돌아간다. 어스름 어둠을 뚫고 금강을 거슬러 오른 작은 목선 하나가 시골 마을로 향하고 있다. 때는 1845년 10월 12일, 밤 8시경이었다. 멀리서 개 짓는 소리가 들리고 곧이어 가을바람을 타고 온 풀벌레 소리가 배 위로 올라왔다. 젊은 청년이 눈물을 흘리며 배 위에서 연신 성호를 긋고 있다. 그는 상해와 제주도를 거쳐 막 조선반도를 밟기 직전이었다. 기해박해1839 이후 한국 천주교는 목자가 없는 양 떼가 되어 6년의 세월을 보내야 했다. 한국 최초의 신부가 되어 조국 땅에 첫 발을 내딛게 되었으니 그의 감회는 사무칠 만큼 남달랐을 것이다. 목선 '라파엘호'에는 김대건 신부와 제3대 조선교구장 페레올 주교 그리고 파리외방전교회 소속의 다블뤼 신부가 타고 있었다. 그들의 입국은 사제 한 명 없이 어둠의 세월을 보낸 6년 동안의 고난이 이제 막 끝나가고 있음을, 숨죽이며 그러나 감격적으로 알리는 선언 같은 것이었다.

나바위성당은 김대건 신부의 한국인 최초의 사제 서품과 그의 입국을 기념하는 성지이다. 1882년 공소가 설립되었고, 1888년에 본당이 들어섰다. 초대 주임에는 요셉 베르모렐1860~1937 신부를 임명했다. 1905년 베르모렐 신부는 새로운 성당 건립을 계획하고, 명동성당 건축을 마무리하고 전주 전동성당을 설계한 프와넬1855~1925 신부에게 디자인을 부

나바위성당은 김대건 신부가 한국인 최초로 사제 서품을 받고 입국한 곳에
세운 천주교 성지이다. 아래 사진은 한옥 사제관이다.

탁했다. 프와넬 신부는 놀랍게도 순수 한옥 성당을 제안했다. 공사는 일사천리로 진행되어 1907년 흙벽에 기와지붕, 나무로 만든 종탑과 마루바닥을 갖춘 성당이 완성되었다. 한옥성당을 지은 지 10년 후 나바위성당은 새로운 변신을 시도한다. 파리외방전교회 소속 폐랑 신부 주도로 개수와 증축 공사가 시작되었다. 흙벽을 벽돌로 바꾸었다. 툇마루를 회랑으로 변경하고, 나무 종탑을 헐고 고딕 종탑을 세웠다. 다만 지붕과 기둥은 전통 목조 한옥 형태를 그대로 살렸다. 2층 기와지붕 아래엔 팔각 채광창을 내어 한옥의 기품을 더했다. 1916년 나바위성당은 서양과 한국이 공존하는 제3의 근대 건축으로 다시 태어났다. 나바위성당은 밖에서 보면 2층처럼 보이지만 내부는 1~2층이 하나로 트인 통층 구조이다. 천장과 벽, 기둥이 모두 흰색이어서 밝으면서도 경건한 분위기를 연출해준다. 실내도 외부만큼이나 독특하고 인상적이다. 반질반질한 마루바닥은 성당을 지을 때 깔았던 나무 그대로이다. 100년의 역사를 딛고 선 느낌이 뼛속까지 서늘하게 새롭다. 회중석이 삼랑식이 아니라 이랑식인 점도 이채롭다. 중앙 통로에 일렬로 서 있는 기둥이 공간을 좌우로 나누고 있다. 예전엔 기둥이 남녀 신자석을 구분하는 경계였다고 한다. 평등을 강조하는 성당에서도 남녀를 구분한 사실이 좀 의아했지만, 다른 한편으로는 당시 조선의 관습을 존중하려는 천주교의 포용성을 보는 것 같아 내심 배려를 받은 기분이 들기도 했다. 한지 유리화로 꾸민 창문은 유난히 친근감을 주고, 오래된 14처 그림 액자는 따스하고 포근하게 다가온다. 제대도 눈여겨볼 만하다. 제대와 예수성심상, 촛대와 감실, 그리고 세례대까지 고전적인 세련미가 돋보이는데, 모두 중국 남경의 성라자로수도원에서 제작하여 건축 당시 들여온 것이다. 제대 옆에는 1995년 전주 교구청에서 옮겨온 김대건 신부의 목뼈 유해 일부가 안치돼 있다.

성당의 뒤태, 볼수록 매력적이다

이 성당의 또 다른 매력을 보려면 건물 뒤편으로 가야 한다. 독특한 회랑을 지나 뒤로 돌아가면 성당 뒤태가 한 눈에 들어

나바위성당의 제대부. 제대와 예수성심상, 촛대와 감실, 그리고 세례대까지 고전적인 세련미가
돋보인다. 모두 중국 남경의 성라자로수도원에서 제작하여 건축 당시 들여온 것이다.

온다. 한옥과 서양 건축 양식이 서로를 방해하지 않고 절묘하게 조화를 이루고 있다. 기와 지붕 너머로 종탑이 살짝 모습을 드러내는데, 서로 다른 양식이 통합하며 빚어내는 건축적 조형미에 탄성이 절로 나온다.

넓은 잔디밭 같은 야외 성당을 지나면 평화의 모후상 옆으로 십자가의 길이 나있다. 평야 한가운데에 사발을 엎어놓은 것처럼 봉긋 솟은 화산의 정상에 이르는 길이다. 산 중턱에 이르면 성당을 바라보며 잠들기를 원했던 2대 주임 소세 신부의 묘가 있고, 정상에 오르면 금강을 바라보는 정자 망금정望錦亭과 김대건 신부 순교기념비가 있다. 순교기념비는 김대건 신부가 상해를 떠나 귀국길에 오를 때 42일 동안 타고 온 라파엘호의 크기를 본떠 만들었다. 기념비가 있는 곳은 화강암으로 이루어진 넓은 바위, 곧 나바위인데 마치 그 모양이 파도처럼 두텁고 일렁거리는 모양이어서, 작은 목선에 의지해 파도를 탔던 김대건 신부의 항해를 눈앞에서 보는 듯하다. 순교비를 마음에 담았다면 이번에는 잠시 망금정에 앉아 눈앞에 펼쳐진 강경 벌판을 바라보라. 아름다운 전원 풍경이 이내 눈 속으로 달려든다. 일제시대 이 일대가 간척되기 전까지만 하더라도 망금정 아래까지 강물이 넘실거렸다고 한다. 한 세기 반 전, 한 청년이 넘실넘실 강물을 거슬러 이곳에 희망의 닻을 내렸다. 다시 십자가의 길을 따라 내려오면 김대건 신부 성상이 나온다. 신부의 모습이 아주 앳되다. 아마도 나바위에 처음 상륙할 때 나이가 20대 초반이었음을 고려하여 청년 모습으로 만든 모양이다. 여기에서 다시 한번 성당의 뒤태를 감상해 본다. 사랑하는 연인을 보듯 가슴이 설렌다. 그 자리에 서서 멋지고 조화로운, 게다가 초기 천주교의 깊고 소중한 이야기까지 품은 성당을 넋을 잃고 바라보았다.

화산을 내려오며 김대건 신부의 삶을 생각했다. 신부가 태어난 당진 솔뫼성지와 세례성사와 첫 영성체를 받은 용인의 은이성지를 연결하고, 중국에서 귀국하여 첫 발을 내디딘 나바위와 그가 순교한 새남터까지 선을 그어보면 커다란 십자가 모양이 된다. 어둠을 뚫고 한국 천주교의 새벽을 연 성 김대건 신부는, 그렇게 우리의 별이 된 것은 아닐까?

김대건 신부 성상에서 바라본 성당의 뒤태. 한 세기 반 전, 상해에서
사제 서품을 받은 김대건 신부가 이곳에 첫발을 내디뎠다.

주변 여행지 TOURISTIC SITE

미륵사지

공주, 부여의 백제 유적과 함께 2015년 세계문화유산에 등재되었다. 백제 최대의 가람이 있었던 곳으로 무왕의 어렸을 때 이름인 서동과 신라 선화공주 사랑 이야기가 서려있는 곳이다. 높이 60미터에 이르는 목탑과 백제 최대 석탑 두 기가 있었으나 지금은 석탑 한 기만 남아있다. 신라의 황룡사9층목탑도 선덕여왕의 초청을 받은 백제 아비지가 만들었는데 그는 미륵사 공사에도 참여한 백제 최고의 건축가로 추측된다. 우리나라 최대 석탑인 미륵사지석탑 국보 11호을 비롯해 국보급 문화재가 많다. 특히 미륵사지석탑을 해체 조사 중 사리장엄 부처의 사리를 보관하는 장치이 발견되었는데 여기에서 유물 9,967여 점이 나왔다. 유물전시관에서 출토 유물과 목탑 모형을 관람할 수 있다. 주소 전북 익산시 금마면 미륵사지로 330 전화 063-830-0900

왕궁리 백제유적지

백제 무왕 때 익산에 건설한 별궁터로 추측하고 있다. 현재까지 왕궁 담장, 금당 건물터 조사가 이루어졌다. 왕궁 규모는 남북 490미터, 동서 240미터로 약간 틀어진 긴 네모꼴이다. 이곳엔 5층석탑과 금당터 같은 사찰 흔적이 남아있는데, 아마도 백제시대 왕궁 경영이 끝나자 사찰로 바뀐 것이 아닌가 추정하고 있다. 왕궁리5층석탑은 백제계 고려 석탑인데 국보 289호로 지정되었다. 바로 옆 유적전시관에서 발굴 유물을 관람할 수 있다. 주소 전북 익산시 왕궁면 궁성로 666 전화 063-859-4631

강경 젓갈시장

강경은 지리적으로 내륙 깊숙이 위치하여 해상과 육상 교통의 요충지였다. 전국 각지에서 강경의 젓갈을 구입하기 위해 성시를 이루었다. 현재도 전국 최대 젓갈 시장이다. 새우젓과 멸치젓, 까나리액젓, 조개젓, 황석어젓 등 다양한 젓갈을 저렴하게 구입 할 수 있다. 현재 전국 젓갈 생산과 판매의 약 60% 정도를 차지하고 있다. 7월부터 12월초까지 성수기이다. 매년 10월이면 젓갈축제가 열리며, 이 시기에 젓갈 열차, 젓갈 관광버스가 생길 만큼 문전성시를 이룬다. 현재 약 100여 개 점포가 성업중이다. 주소 충남 논산시 강경읍 금백로 45 전화 041-730-4759

또 다른 여행지 신성리갈대밭, 관촉사, 개태사, 견훤왕릉

맛집 RESTAURANT

주소 충남 논산시 강경읍 옥녀봉로27길 53 전화 041-745-5565 예산 1~2만원

달봉가든 젓갈백반, 한우우족탕, 양념갈비

황해도 젓갈상회라는 커다란 간판 옆에 달봉가든이라는 간판이 함께 붙어있다. 젓갈 가게와 식당을 겸하는 곳이다. 강경의 명물인 젓갈백반이 유명한데 식당도 깔끔하고 젓갈도 정갈하게 나온다. 젓갈은 작은 상에 별도로 나오는데 그 종류만 10가지에 달한다. 명란젓을 가운데에 두고 그 둘레로 오징어, 꼴뚜기, 낙지, 창란, 청어알, 갈치속젓, 아가미, 가리비, 토하젓 등이 나온다. 그 많은 젓갈 이름을 다 알기 어려운 마음을 헤아려 그릇 바닥마다 이름을 적어놓은 주인의 센스가 돋보인다. 한우우족탕과 양념갈비, 불고기 등도 판매한다.

시장비빔밥 육회비빔밥, 선지국밥, 순대

익산 황등풍물시장에 있다. 외관은 물론 내부도 다소 허름하지만 제법 맛집으로 알려진 곳이다. 육회비빔밥, 선지국밥, 순대를 취급하는데 육회비빔밥은 콩나물밥 위에 부추, 파, 양념으로 버무린 육회를 얹어 내온다. 선지국이 함께 나오며, 깍두기와 김치가 반찬의 전부다. 좋은 육질의 육회를 맛볼 수 있다. 오후 3시까지만 영업한다. 주소 전북 익산시 황등면 황등7길 25-8 전화 063-858-6051 예산 1만원

일해옥 콩나물국밥

콩나물국밥은 전주가 유명하지만 익산의 일해옥도 유명한 맛집이다. 테이블이 7개 정도 밖에 되지 않지만 건물이 깔끔하고 주차장도 구비돼 있다. 오전 6시부터 3시까지만 영업을 한다. 콩나물국밥 위에 김 가루와 파, 그리고 계란을 얹어 내오는데, 계란은 각자의 취향에 맞게 터뜨려 먹어도 되고 그냥 두고 익혀 먹어도 된다. 식성에 따라 계란을 빼거나 맵게 먹을 수도 있다. 개인 식사량에 따라 음식의 양을 다르게 주문할 수 있다. 식사에다 모주 한 잔을 곁들이는 것도 별미이다. 주소 전북 익산시 주현로 30 전화 063- 852-1470 예산 6천원

또 다른 맛집 •강경 황산옥, 삼오정, 만나식당 •익산 진미식당, 분도정육점, 정순순대, 성민회관, 한일식당, 미륵산순두부, 귀빈정

부안성당
이국적인, 너무나도 이국적인

부드러운 아치의 축제
주소 전라북도 부안군 부안읍 성당길 10
전화 063-584-1333
대중교통 부안시외버스터미널에서 도보로 7분

가을이 푹 익었다. 아침 기온은 조금 더 내려갔으나 하늘은 더 높아졌다. 설악산에서 시작된 단풍이 이제 전라도까지 붉게 물들고 있다. 감국도 뒤질세라 노란 빛을 맘껏 뿜내고 있다. 가을걷이가 끝난 만경과 김제평야가 하늘과 닿을 듯 저 멀리까지 펼쳐져 있다. 하얀 비닐로 둥글게 말아 놓은 원통 볏짚단이 지천에 널린 채 장관을 이루고 있다. 끝이 보이지 않는 너른 평야는 한참을 달려도 제자리인 것 같다.

깊어진 가을을 관통하여 부안성당에 도착했다. 성당은 부안읍 서외리의 나지막한 언덕에 자리 잡고 있다. 부안성당은 첫인상부터 남다르다. 마카오에서 본 듯한 건물 같기도 하고, 남미풍의 성당과도 닮았다. 또 어떻게 보면 비잔틴 양식이 가미된 것 같기도 하다. 오래된 성당을 찾아 전국 이곳저곳을 돌아다녔지만 어디에서도 비슷한 성당을 본 적이 없다. 우리나라의 오래된 성당은 붉은 벽돌조이거나 한옥 양식이 대부분이다. 반면 부안성당은 철근콘크리트로 지었다. 하지만 그 어떤 성당보다 부드럽고 온화하다. 여느 성당은 외벽이 붉은색인데 이 성당은 특이하게도 눈이 부실만큼 새하얗다. 가장 독특한 것은 종탑과 첨탑의 모양이다. 대개 성당은 높고 뾰족한 종탑을 이고 있다. 하지만 부안성당은 중앙 종탑 모양이 뾰족한 게 아니라 아치형이고, 양옆의 작은 종탑도 아치형이다. 게다가 중앙 종탑과 좌우 종탑 모두 4면 아치라서 옆에서 보면 위치와 높이를 달리하고 있는 종탑 두 개가 한꺼번에 보인다. 보면 볼수록 독특하고 이국적이다.

낯설고 이국적인 건축　　부안성당이 처음 들어선 것은 1926년이다. 그때는 부안
다르기에 더 매력적이다　　읍내가 아니라 하서면 등룡리에 있었다. 너무 외딴 곳이
　　　　　　　　　　　　　　라 전교 활동에 어려움을 겪자 1925년 초대 이기수 신
부가 지금의 부안문화원 자리로 이전하였다. 이때부터 성당이 활기를 띠기 시작했다. 한편으로는 전교 활동에 힘쓰고, 다른 한편으로는 식민지 극복을 위한 교육과 농촌 계몽을 목적으로 4년제 소학교를 설립하였다. 그러나 이 학교는 반일감정을 불러일으킨다는 이유로 일제에 의해 1941년 강제 폐쇄 당했다. 다행히 몇 년 후 해방을 맞이했으나 설상가상으로 이번에는 한국전쟁이 발발하면서 본당이 큰 피해를 입었다.

부안본당의 가장 시급한 과제는 성당을 신축하는 일이었다. 1957년 6대 주임 이약슬 신부가 현재의 성당 부지를 매입하자 뒤이어 부임한 임종택 신부가 1959년부터 성당 신축 공사를 시작하였다. 하지만 자금 사정이 여의치 않아 신축 공사는 더디게 진행되었다. 다행히 가톨릭구제위원회의 원조를 받아 성당과 사제관을 완공하고 1963년 8월 27일 축성식을 올렸다.

부안성당은 외관뿐만 아니라 내부의 평면도 다른 성당과 구별이 된다. 두 줄의 기둥으로 신자석을 세 공간으로 나누는 삼랑식 평면이 일반적인 구조인데 비해 부안성당은 천장을 지지하는 기둥이 전혀 없이 탁 트여 있다. 굳이 말하자면 삼랑식이 아니라 일랑식인 셈이다. 철근콘크리트 기법으로 지은 까닭에 석조 성당이나 벽돌조 성당처럼 하중을 분산할

재대의 십자가와 옆에서 본 종탑. 부안성당의 가장 두드러진 특징은 곡선미이다.
안과 밖에서 아치에 의한 곡선의 향연이 펼쳐지고 있다.

필요가 없었기에 이런 구조가 가능 했을 것이다.

부안성당의 가장 두드러진 특징은 곡선미이다. 종탑과 첨탑도 아치형이고, 종탑에 낸 창
문도 아치형이다. 측면과 후면에 낸 창문도 모두 아치형이다. 아치로 시작해서 아치로 마
무리됐다 해도 지나치지 않을 만큼 상하, 전후좌우, 안과 밖에서 아치에 의한 곡선의 향
연이 펼쳐지고 있다. 부안성당은 종탑과 첨탑의 생김새와 구조, 건축기법, 외관의 빛깔과
내부 구조까지 초지일관 '다름의 건축미'를 보여주고 있다. 부안성당은 달라서 더 아름답
고, 더 매력적이다.

삼례성당
장식성이 뛰어난 소읍 성당

삼례는 조선시대 호남에서 가장 큰 역참중앙과 지방의 공문서와 물자 및 사신 왕래 등을 관장하던 기관이 있던 곳이다. "이리로 가면 이리, 저리로 가면 전주, 그리로 가면 금마, 고리로 가면 고산"이라는 말이 있을 만큼 사통팔달, 교통의 허브였다. 뿐만 아니라 만경강 상류에 위치하여 토지가 비옥하고 기후도 좋아 김제, 부안과 함께 전라북도의 대표적인 곡창지대였다. 이런 배경 때문에 일제강점기에는 불행히도 군산, 익산, 김제와 더불어 양곡 수탈의 중심지가 되기도 했다.

교통의 요지이자 곡창지대인 것에 비하면 삼례성당의 시작은 조금 늦은 편이다. 1936년 익산의 창인동성당이 관할하는 공소로 출발했다가 1951년 5월 본당으로 승격하였다. 현재의 성당은 1954년 5월 착공하여 이듬해인 1955년 8월에 완공되었다. 기단과 하부 벽은 화강암으로, 그 위는 붉은 벽돌과 회색 벽돌로 지어 장식적인 아름다움이 돋보인다. 정면 중앙에 높은 종탑을 세우고 좌우에 그보다 낮은 8각 첨탑을 설치하였다. 중앙의 종탑 아래에 주 출입구를, 좌우에 보조 출입구를 두었다. 출입구 모두 뾰족 아치형으로 만들어 장식미가 뛰어나다. 주 출입구 위에는 꽃잎 모양의 원형 창을 내고 그 둘레에 회색 벽돌을 돌출시켜 아치를 만들었다. 그 모습이 멀리서 봐도 눈에 들어올 만큼 아름답고 인상적이다. 측면과 후면에도 곳곳에 아치창을 내었다. 정면과 옆면에 장식성을 강조한 것에 비해 평면은 단순한 편이다. 외부는 장십자가형이지만 내부로 들어가면 장방형이다. 공간을 나누는 기둥이 없이 탁 트여서 단순미는 배가된다. 다만 4면에 아기자기한 뾰족 스테인드글라스를 설치하여 미학성을 보충했다. 스테인드글라스의 색감이 다양해 빛이 영롱하고 신비롭다. 스테인드글라스의 아치 부분에 예수의 일생을 그림으로 묘사해 놓았다.

주소 전라북도 완주군 삼례읍 삼례역로 65 전화 063-291-3874

주변 여행지 TOURISTIC SITE

©전성영

내소사

변산 기슭 아름다운 자리에 깃들어 있다. 원래 절 이름은 소래 사이다. 〈나의 문화유산 답사기〉의 저자 유홍준 교수는 내소사를 한국의 5대 사찰 중 하나로 꼽았다. 건물도 아름답지만 산과 어울리는 조화로움을 매력으로 꼽았다. 내소사는 전나무 숲길과 고목에서 피는 벚꽃, 아름드리 느티나무, 정교한 대웅전 보물 291호 과 대웅전의 꽃문양 창살이 유명하다. 대웅전 단청에 얽힌 '파랑새 전설'도 재미있다. 어느 날 노스님이 대웅전을 다시 짓고 단청을 하려고 장인을 불렀다. 화공이 말했다. "100일 동안 아무도 들여보내지 마십시오. 중간에 문을 열면 틀림없이 부정을 타게 될 것입니다." 그러나 하지 말라고 하면 더 하고 싶은 법. 99일째 되는 날 한 동자승이 궁금증을 참지 못하고 대웅전 문을 열었다. 그런데 이게 어찌된 일인가? 화공은 온데간데없고 파랑새 한 마리가 입에 붓을 물고 단청을 칠하고 있는 게 아닌가? 관세음보살이 파랑새로 변한 것이었는데, 존재를 들킨 파랑새는 곧 하늘로 날아가 버렸다. 지금도 천장 한곳에 단청을 하지 않은 곳이 남아 있다. 주소 전북 부안군 진서면 내소사로 243 전화 063-583-7281

곰소항과 곰소염전

곰소항은 전라북도에서 군산항 다음으로 큰 항구이다. 토사가 내려와 줄포항 수심이 낮아지자 그 대안으로 일제가 이 지역에서 수탈한 곡식과 군수물자를 일본으로 내보내기 위해 제방을 축조하여 만들었다. 곰소항 근처에는 드넓은 염전과 제법 큰 젓갈 단지가 있다. 곰소염전에서 생산하는 천일염은 근해에서 잡히는 싱싱한 어패류와 더불어 곰소 젓갈을 맛있게 해주는 주인공이다. 주말이면 염전과 곰소항을 구경하고, 젓갈을 사려는 여행객으로 늘 붐빈다. 주소 전북 부안군 진서면 염전길 18 전화 063-582-7511

적벽강과 채석강

부안군 변산면 격포리 변산반도 해안에 있는 절벽 지대이다. 석양이 질 무렵 노을빛을 받은 모습이 특히 아름답기로 유명하다. 적벽강의 길이는 약 2킬로미터에 이른다. 채석강은 화강암과 편마암이 오랜 세월 파도에 깎여 생겼는데 그 모습이 수 십층으로 책을 켜켜이 쌓아 놓은 것처럼 보인다. 중국의 시인 이백이 강물에 뜬 달을 잡으려다 빠져 죽었다는 채석강과 흡사하다고 하여 이런 이름을 얻었다. 채석강 북쪽 3킬로미터 거리에 적벽강이 있다. 주소 전북 부안군 변산면 격포리 301-1

©부안군청

또 다른 여행지 직소폭포, 매창공원, 개암사, 반계 유형원유적지, 격포항, 새만금방조제

맛집 RESTAURANT

당산마루 한정식

당산마루는 전통 한옥을 개조해 음식점으로 사용하는 한정식 전문점이다. 고풍스런 한옥에 툇마루가 있어 이름을 당산마루라고 지었다. 화분과 각종 전통 소품으로 장식된 한옥이 고즈넉한 느낌을 준다. 당산마루는 부안의 향토음식이 주 메뉴인데, 그 중에서도 청국장 맛이 일품이다. 뿐만 아니라 계절에 따라 부안에서 잡히는 싱싱한 생선과 해산물을 상에 올리고 있다. 밴댕이젓, 꼴뚜기젓, 바지락젓, 갈치속젓 등 10여 가지 젓갈과 뽕잎, 콩잎, 고춧잎, 콩나물 잡채 등 옛 맛을 느낄 수 밑반찬들이 상에 오른다. 주소 전북 부안군 부안읍 당산로 71 전화 063-581-3040 예산 2인상 5만원, 4인상 10만원

오뚜기회관 가정식백반, 청국장백반, 생태찌개백반, 갈치찌개백반

부안군청에서 50미터쯤 떨어져 있다. 부안에서 꽤 알려진 맛집으로 점심 시간에는 앉을 자리가 없을 정도로 붐빈다. 전라북도에서 가격, 위생, 서비스, 소비자 선호도가 우수하고 가격도 착한 업소로 선정한 모범 음식점이다. 가격이 저렴하고 맛이 정갈한 백반의 인기가 좋다. 찌개 종류도 다양하다. 생선구이, 게장, 잡채, 풀치조림 등 여러 가지 밑반찬이 맛깔스럽다. 주소 전북 부안군 부안읍 부풍로 7 전화 063-581-4422 예산 1만원 내외

계화회관 백합죽, 백합파전, 백합탕, 백합찜

조개의 여왕 백합은 변산의 별미 중 별미다. 백합은 수심이 깊은 곳에 뚝 떨어져 자라는데, 주로 계화도 앞바다에서 많이 잡힌다. 부안의 향토음식 백합죽은 백합과 이곳에서 생산되는 계화미와 계화김으로 만든다. 백합죽은 구수하고 위에 부담을 주지 않아 어린이와 노약자도 먹기 좋다. 계화회관은 부안을 대표하는 백합 요리 전문점으로 30년 전통을 자랑한다. 백합죽과 백합탕, 고소한 백합파전 등 백합을 이용한 다양한 요리를 맛볼 수 있다. 주소 전북 부안군 행안면 변산로 95 전화 063-581-0333 예산 1~3만원

또 다른 맛집 곰소쉼터, 변산온천산장, 칠산꽃게장

대구 계산성당
수직이 아름다운 이유

감성 깊은 벽돌 성당 _ 사적 290호
주소 대구시 중구 서성로 10
전화 053-254-2300
대중교통 청라언덕역 5번 출구, 반월당역 18번 출구에서 걸어서 7분

계산 성당으로 가기 전 내 고향 대구의 근대문화골목을 걸었다. 고향 냄새 가득한 사투리가 유난히 정겹게 들린다. 바람 따라 날아온 약령시의 한약 냄새는 내 그리움의 병까지 잠재우고 간다. 성당 옆 골목길 벽화엔 중절모를 쓴 이상화 시인이 멋진 포즈를 취하고 있고, 길 건너 청라 언덕 위에선 담쟁이 넝쿨로 덮인 선교사 챔니스의 주택이 추억을 되살려준다. 음악가 박태준 선생의 짝사랑 이야기로 만들었다는 <동무 생각> 노래비도 아련하게 서 있다. 골목길을 걸을수록 옛 기억이 머릿속을 바삐 들락거린다.

조용히 성당 마당을 걷는다. 천재 화가 이인성이 그린 <계산동 성당> 때문에 유명해진 감나무가 아직도 마당을 지키고 있다. 첨탑 4개가 파란 하늘을 찌를 듯 높이 서 있다. 앞에 보이는 둘은 계산 성당 첨탑이고 저 멀리 보이는 것은 제일교회 첨탑이다. 1800년대 말엽 외국 선교사들이 이 일대에 자리를 잡으면서 근대의 모습이 저렇듯 당당하게 하늘에서 꽃을 피웠다.

계산 성당은 1885년 대구 본당으로 태어났다. 1899년 지은 목조 십자형 기와 성당이 1901

년 화재로 불타자 파리외방전교회 소속 로베르1863~1922 신부는 화마가 지나간 지 일주일 만에 새로운 성전 건립 호소문을 발표하였다. 전주 전동성당 설계도를 입수하여 손수 디자인하고, 12사도 스테인드글라스와 함석, 창호, 철물 등 국내에서 구할 수 없는 자재는 프랑스와 홍콩에서 들여왔다. 1901년 중국인 기술자들과 공사를 시작하여 이듬해 5월 첨탑이 있는 서양식 성당을 완공하였다. 1903년 11월 뮈텔 주교1854~1933가 집전하는 성대한 축성식이 열렸다. 그때 축성을 기념하기 위해 성유성사나 축성 때 사용하는 신성한 올리브유를 찍은 기둥 곳곳에 둥근 십자가 표시판을 만들어 놓았다.

경상도 최초의 성당
높은 첨탑이 아름다운

성당은 화강석 기초 위에 붉은 벽돌과 회색 벽돌을 쌓아 지었다. 회색 벽돌은 정면 출입구와 창 둘레, 내부 기둥과 아치 천장 리브갈빗대 모양 뼈대 등에 적용하여 건축의 장식미를 효과적으로 살렸다. 계산 성당의 특징은 아무래도 하늘 높이 솟은 8각형 고딕식 쌍둥이 종탑이다. 국내에서 찾아보기 힘들만큼 수직성을 강조하고 있다. 종탑 중앙의 장미창이 크고 화려하다. 종탑에 설치한 종은 '국채보상운동'을 주도한 서상돈과 김절아가 한 개씩 기증한 것으로 그들의 세례명을 따서 '아우구스티노와 젤마나'라고 부른다.

성당 평면은 라틴십자가형 삼랑식이다. 제대 뒤편 둥근 벽을 장식하고 있는 다섯 개의 아치 창이 눈길을 끈다. 중앙 창문엔 이 성당의 주보성인인 루르드세계 3대 성지 중 하나로, 프랑스 남서부 피레네 산맥 북쪽에 있는 소도시이다. 1858년 2월부터 7월까지 성모마리아가 18번이나 나타났다고 전해진다 성모가 푸른 빛을 내며 신비스런 모습으로 서 있다. 그 좌우로 동양의 첫 선교자인 프란치스코 하비에르 성인, 예수님과 성모 마리아, 성 요셉의 모습이 스테인드글라스로 장식되어 있다. 제대 아래에는 일반 성당에서는 볼 수 없는 주교좌주교의 의자가 있다.

오래된 성당은 마치 박물관 같다. 벽돌 한 장 유리창 하나에도 수많은 사연이 담겨 있다.

시인 이상화는 계산 성당에서 영감을 받아 <나의 침실로>를 썼다고 한다. 가난하고 소외된 사람들의 벗이며 한국 민주화운동의 버팀목이었던 김수환 추기경이 1951년 사제 서품을 받은 이야기도 있다. 신랑 신부의 이름을 바꿔 불렀다는 박정희 대통령과 육영수 여사의 결혼식 이야기도 빠뜨릴 수 없다. 내가 첫 영성체를 받았던 작은 이야기도 있다. 또 사제 서품을 받은 김수한 추기경이 처음으로 영세를 준 사람이 내 아버지이다. 이 인연으로 아버지는 추기경과 같은 스테파노라는 세례명을 받았다. 아버지는 TV에서 추기경만 나오면 옛일을 회상하였다. 돌아가시기 얼마 전 추기경님을 찾아갔는데 "오래 전 헤어진 내 형제를 오늘 만났네!" 하시며 얼싸안아 주셨다고 무척이나 좋아 하였지만 이제는 두 분 다 고인이 되었다. 오래된 성당이 들려주는 향기로운 이야기에 저절로 마음이 따뜻해진다. 이제 오늘의 추억까지 품어 감성이 더 풍부해지리라.

성당에서 가까운 남산동에는 관덕정 순교성지가 있다. 예전에 이곳은 대구 읍성 남문 밖이었다. 군관을 선발하고 훈련시키는 넓은 연병장이 있었다고 한다. 연병장 한쪽에 처형장이 있었는데 박해시대에 계산 성당의 제2주보성인인 이윤일요한을 비롯하여 많은 천주교 신자들이 참수를 당했다. 관덕정에서 대구대교구청까지 가는 길을 흔히 순례자의 길이라 부른다. 계산 성당을 뒤로 하고 그리움을 벗 삼아 옛길을 걷는다. 예전엔 제법 큰길이었는데 지금은 이면도로가 되어 한산하다. 내가 다니던 학교는 어디론가 사라지고 그 자리에는 고층 아파트가 들어섰다. 낡은 기와집 처마에 말라버린 풀이 거미줄처럼 늘어져 있다. 저 집도 머지않아 높은 빌딩으로 바뀌겠지, 하는 서운한 마음이 들어 카메라에 담아 두었다.

샬트르성바오로수녀회성당
고색의 은근한 아름다움

대구 천주교 순례자의 길 마지막에 샬트르성바오로수녀회 소속 성당이 있다. 로마네스크 양식과 고딕 양식을 혼용한 성당은 아직도 초기 모습을 그대로 간직하고 있다. 지금은 역사관으로 사용하는 옛 성당으로 들어서자 따뜻한 기운이 느껴진다. 100년 동안 희생과 봉사를 이어오는 수녀원의 성스러운 역사를, 나는 뜨겁게 느끼고 있었다. "무더위에 조심해서 가세요." 옛 이야기를 들려주던 수녀님의 마음씨가 너무 인자하다. 수녀님의 포근한 미소와 배려에서 만리까지 간다는 '인향'을 느꼈다. 수녀원 맞은 편에는 성모당이 있고 대구교구청과 대구의 첫번째 신학교였던 성유스티노신학교 건물이 일부 남아 있다. 성모당은 1918년 프랑스인 드망즈 주교가 루르드의 성모동굴을 모델로 크기와 바위의 세부적인 형상까지 비슷하게 만들었다. 나는 성모당과 가까운 천주교 재단 중학교를 다녔다. 성모당은 그러므로, 나에겐 추억의 옛 동산이다. 한줌 바람이 목덜미를 스치고 지나간다. 이제는 이름도 얼굴도 잘 기억나지 않는 옛 벗들의 실루엣을 떠올려본다. 라일락 향기 가득하던 교정, 그리고 지금보다 더 운치가 넘치고 조용했던 성모당의 옛 분위기를 생각하니 가슴이 뭉클해지면서 눈물이 난다. "내 놀던 옛 동산에 오늘 와 다시 서니/산천의구란 말 옛 시인의 허사로고……" 이은상 선생의 마음처럼 나도 옛 동산에 올라 옛날을 추억한다. 삶이 심드렁하게 여겨지면 훌쩍 기차에 몸을 싣고 와 이 순례길을 다시 걷고 싶다. 살다가 서러움에 겨워 한없이 슬픈 날에는 성모당에 와서 가슴에 쌓인 설움을 다 쏟아 내고 싶다. 파란 하늘엔 그 옛날처럼 하얀 구름이 둥실둥실 떠가고 있다.

주소 대구시 중구 남산로4길 111 전화 053-659-3333

김광석의 길

김광석 노래는 더없이 맑고 청량하지만 다른 한편으로는 아득히 슬픈 서정을 불러일으킨다. 김광석은 대구에서 태어나 중구 대봉동 방천시장 일대에서 어린 시절과 청소년기를 보냈다. 김광석의 길은 삶과 음악을 주제로 조성한 벽화거리로 방천시장 동편, 신천대로 둑길 350미터에 걸쳐 있다. 허름한 주택과 뒷골목 풍경을 따라 음악여행을 떠나기에 아주 좋다. 통기타를 든 김광석 동상과 특유의 슬픈 미소를 짓는 벽화, 젊은 예술가들이 만든 공예품을 파는 가게와 초상화를 그려주는 거리 화실, 추억의 문방구와 옛날 먹을거리가 여행객들을 70~80년대의 어느 시절로 데려다 준다.

주소 대구시 중구 대봉동 방천시장 일대

근대문화골목

근대문화골목은 동산선교사주택, 청라언덕을 시작으로 3.1만세운동길, 계산동성당, 이상화와 서상돈 고택, 제일교회, 약령시 한의약박물관, 영남대로, 종로, 진골목으로 이어진다. 거리는 약 1.7킬로미터이며 소요 시간은 2시간 남짓이다. 이 길은 근대의 숨결과 향기가 짙게 스며든 골목이다. 김원일의 자전적 소설인 <마당 깊은 집>의 무대가 바로 이 근대문화골목이다. 소설 속에 등장하는 장관동과 종로, 진골목 일대를 걷는다면 문학기행과 근대역사기행을 동시에 떠나는 일석이조의 즐거움을 누릴 수 있을 것이다.

주소 대구시 중구 경상감영길 67

또 다른 여행지 수성못, 경상감영달성길, 대구미술관, 불로동고분군, 대구약령시, 대구타워, 염매시장

맛집과 카페 RESTAURANT & CAFE

소울키친 스테이크, 파스타, 돈가스

계산동성당 앞에 있는 예쁜 맛집이다. 소울키친 메뉴판에 이런 글귀가 있다. "내 마음을 모두 담아 당신께 드립니다." 정성으로 음식을 만들겠다는 다짐이 마음에 든다. 소울키친의 음식은 그 다짐만큼이나 맛이 좋고 시각적으로도 아름답다. 한쪽 벽에는 손님이 그린 그림들이 걸려 있고 아기자기한 소품으로 실내를 꾸며 모던하면서도 정겹다. 창밖 풍경도 아름다워서 임진왜란 때 원군으로 참전했다가 조선으로 귀화한 명나라 장수 두사충의 러브스토리가 그려진 벽화가 손에 잡힐 듯 다가온다. 스테이크, 파스타, 샐러드, 피자, 리조토, 도톰한 수제 돈가스가 있다. 늘 손님이 많아 미리 예약을 하는 게 좋다.

주소 대구시 중구 약령길 28
전화 053-256-2533 예산 1~2만원

안빛고을 시래기정식, 시래기닭찜

계산동성당 뒤쪽 오래된 기와집이 인상적인 시래기 음식 전문 식당이다. 시래기는 칼슘과 식이섬유가 풍부하고, 변비와 다이어트에도 효과가 좋은 것으로 알려져 있다. 거친 음식, 자연 밥상을 선호하는 추세 때문인지 찾는 사람이 많다. 시인 이상화 생가와 국채보상운동을 주도한 서상돈 고택이 바로 옆에 있으며, 현대백화점도 지근거리에 있다. 식당 건물은 서예가인 박기돈 선생의 고택이다. 주소 대구시 중구 약령길 25 전화

053-425-6660 예산 1~4만원

미도다방

진골목 한편에 자리를 잡은 미도다방은 실버 세대들의 사랑방이다. 미도다방 앞엔 다음과 같은 시가 쓰여있다. 종로2가 진골목 미도다방에 가면/정인숙 여사가 햇살을 쓸어 모은다. <미도다향>, 전상렬 미도다방은 대구의 내로라하는 문인들이 모여 들던 곳이다. 지금도 옛날을 그리워하는 사람들이 모여 추억을 이야기한다. 요즘은 젊은이들도 찾아온다. 저렴한 가격, 차 한 잔에 딸려 나오는 푸짐한 과자가 미도다방의 인심을 말해준다. 주소 대구시 중구 진골목길 14 전화 053-252-2599

또 다른 맛집과 카페 남문남짝만두, 교동따로국밥, 대동면옥, 국일따로국밥, 진골목식당, 벙글벙글식당, 낭꼬, 커피명가 캠프바이점

왜관 가실성당
한없이 정겹고 더없이 아늑하다

강변 마을의 아담한 성당_**경북 유형문화재 348호**
주소 경북 칠곡군 왜관읍 가실1길 1
전화 054-976-1102
대중교통 왜관 남부 정류장에서 농어촌버스 0, 0-100, 9, 20, 21번 승차 후 낙산1리에서 하차(40분)

경상북도 왜관. 낙동강변에 있는 이 작은 도시는 한국전쟁의 참혹함을 온몸으로 기억하고 있다. 낙동강을 사이에 두고 북한군과 유엔군이 필사적인 공방전을 한 달 반이나 펼쳤다. 유엔군은 북한군의 남하를 막기 위해 왜관읍 일대에 융단 폭격을 가했다. 수많은 가옥이 파괴되었고, 낙동강 철교도 무너졌다. 기록과 증언에 따르면 성한 곳이 불과 10~20%에 지나지 않았다고 한다. 도시의 80~90%가 파괴되는 참화 속에서도 가실성당과 성베네딕도회수도원성당이 상처 하나 입지 않고 살아남았다는 것은, 정말이지 믿기지 않는 일이다. 왜관 사람들에게 두 성당의 건재는 그 자체로 큰 위로이자 내일을 준비하는 희망의 근거였을 것이다.

낙동강을 따라 달리다 왜관읍 낙산리에 접어들면 붉은 벽돌이 인상적인 가실성당이 보인다. 하지원과 권상우가 출연해 인기를 끌었던 영화 <신부수업>의 무대로 알려지면서 이제는 제법 순례객도 늘고 있지만, 그래도 시골 성당 특유의 소박함을 듬뿍 안고 있어서 마음이 저절로 아늑해진다.

가실성당은 1895년 한국에서는 열한 번째, 대구·경북에서는 계산성당에 이어 두 번째로 설립되었다. 조선시대 낙산리는 나루터가 있을 정도로 수상 교통이 발달한 곳이었다. 초대 주임 신부였던 파이아스 가밀로 신부는 수로를 이용해 대구와 부산, 안동 방면으로 오가기에 좋은 이곳에 본당을 설립하였다. 행정지명을 따서 낙산성당으로 불려오다가 2005년 본래 마을 이름을 따 '가실성당'으로 개명하였다. 가실의 신앙 역사는 본당 설립 이전으로 올라간다. 이 지역의 실학자 성섭은 일찍부터 천주교를 받아들였고, 그의 증손자 성순교는 1860년 경신박해 때 상주로 피난을 갔다가 그곳에서 순교하였다. 그는 추사 김정희의 친구였다. 젊은 시절엔 사신을 따라 청나라로 갔다가 귀국하지 않고 당시로서는 드물게 세계 여행을 하였다. 심지어 이스라엘까지 다녀왔다. 성당 이름 '가실'佳室, 아름다운 집은 애초 마을 이름이기도 하지만 성순교 가문의 집을 뜻하기도 한다.

가실성당의 첫 출발은 초라했다. 처음엔 남의 집을 빌려 미사를 보았고, 그 다음엔 작은 한옥 성당을 지어 사용했다. 지금의 멋진 성당은 1923년에 지은 건물이다. 설계는 파리외방전교회 소속 프와넬 신부가 맡았다. 그는 명동성당, 전주 전동성당, 대구 계산성당 등 우리나라를 대표하는 유서 깊은 성당을 설계하거나 건축에 참여한 사제 건축가였다. 공사 감독은 주임 신부였던 투르네1879~1944 신부가 맡았는데, 그는 몇 년 뒤 가실성당을 빼닮은 성베네딕도회 왜관수도원성당을 설계했다. 투르네 신부는 현장에서 구운 벽돌을 일일이 망치로 두드리며 점검할 만큼 세세한 곳까지 정성을 쏟았다.

언덕 위의 작은 성당
세월을 품어 더 아름답다

성당은 낙동강변의 나지막한 언덕 위에 자리 잡고 있다. 성당으로 오르는 돌계단이 정겹다. 계단을 다 오르면 낭만적인 네오고딕 건축과 로마네스크 양식이 융합된 붉은 벽돌 성당이 조용히 다가온다. 세월의 향기를 듬뿍 안은 성당은 더없이 소박하

고 정겹다. 성당 입구에 만발한 붉은 배롱나무 꽃이 성당 표정을 더욱 풍부하게 해준다. 성당 내부는 외관만큼이나 아늑하다. 가장 먼저 눈길을 끄는 것은 앤티크 분위기가 물씬 풍기는 성체등감실에 성체, 즉 예수의 몸을 모셔 두었다는 표시로 켜 놓는 붉은 등이다. 일반적으로 성체등은 감실 옆에 있는데 가실성당은 제대 앞쪽 반원통형 천장에 매달려 있다. 지금도 기름으로 불을 밝힌다고 한다.

가실성당에 가본 사람이라면 창문의 유리화를 떠올릴 것이다. 예수의 생애를 그린 원색 유리화인데 정교한 선과 빛이 투과하며 만들어내는 색채가 신비롭고 아름답다. 정면 십자가상 밑에 있는 감실도 인상적이다. 이곳 감실은 엠마오 감실이라 불린다. 창문의 유리화는 부활하신 예수가 엠마오라는 마을로 가던 두 제자를 만나 저녁식사를 하는 그림이다. 칠보로 만들어서 색감이 풍부하고 매력적이다. 가실성당의 유리화와 감실은 독일인 에기노 바이너트1920~현재의 작품이다. 그는 독일 베네딕도회의 수사이자 유명한 성물 화가이다. 칠보 기법을 활용하는 성물을 잘 제작하기로 유명하다. 바이너트의 유리화와 칠보 감실에 정신이 팔려 있다가 14처를 돌며 조용히 기도하는 여성 신자를 발견했다. 그녀가 있는 곳으로 가 14처 상본을 보니 여느 성당에서 본 것과 다르게 예술적이다. 동양화가 손숙희가 수묵으로 그린 작품이라고 한다. 상본을 담은 액자도 독특하기는 마찬가지다. 90여 년 전 성당 건축할 때 중국에서 들여온 것이다. 성체등 못지않게 깊은 세월의 흔적이 느껴진다.

이 성당이 자랑하는 성물이 또 하나 있다. 소박하고 절제된 아름다움이 배어 있는, 가실성당의 주보성인 성안나상이다. 성모마리아의 어머니 안나 성녀가 어린 마리아에게 책을 읽어 주는 모습을 담고 있다. 성당을 건축할 무렵 프랑스에서 석고로 만들어 들여왔다. 우리나라 성당에 있는 유일한 안나상이다. 성당 입구 종탑에 걸린 종 이름도 '안나'이다. 처음부터 성당과 함께 한 '안나종'은 지금도 가실 마을에 은은하게 울려 퍼진다. 종 표면에 성녀 안나의 형상이 음각되어 있다.

성당을 나와 잔디 정원을 걸어 성모동굴로 향한다. 1800년대 프랑스 루르드의 마사비엘
동굴에 18차례나 발현한 성모마리아를 본떠 조성한 것이다. 흰옷에 푸른 띠를 두른 성모
마리아가 성당을 바라보고 있다. 가톨릭 신자들의 성모마리아에 대한 공경은 지극하다.
예수의 어머니이자 은총의 매개자이기 때문이다. 신자들은 크고 작은 주변사를 성모마
리아에게 고하고 도움도 청한다. 죽어가는 자식의 고통을 곁에서 지킨 어머니이니 그 자
애로움에 의지하여 따뜻한 위로를 받고 싶은 것이다. 주보성인이 성 안나라서 그럴까? 그
의 딸 성모마리아에 대한 가실성당의 공경심이 더 지극해 보인다.

가실성당은 기도하기 좋은 곳으로 널리 알려져 있다. 건축이 아름다운데다 소읍의 외곽
호젓한 언덕에 있는 까닭에 조용히 사유하며 기도하려는 이들이 곧잘 찾는다. 가실성당
은 순례객을 위해 본당 뒤에 '순례자의 집'을 따로 마련해놓고 있다. 순례자의 집 옆에는
붉은 함석지붕을 이고 있는 오래된 건물이 있다. 지붕의 도머 창domer window, 뻐꾸기창이
이채로운 옛 사제관이다. 사제관 뒤쪽으로 난 숲 속에도 아늑한 십자가의 길이 조성되어
있다. 문득, 한 며칠 이곳에 머물며 아침저녁으로 저 숲길을 천천히 걷고 싶다.

옛 왜관성당
가실성당의 쌍둥이 형제

성베네딕도회 1500년 전에 이탈리아에서 설립되었다 왜관수도원에 새벽이 찾아왔다. 아침을 준비하는 새들이 '손님의 집' 창문으로 다가와 인사를 한다. 수도원은 고요 속에 잠겨 있다. 옛 왜관성당 성베네딕도 수도회구성당 과 사제관 풍경이 유럽의 작은 마을을 연상시킨다. 푸르스름한 아침 공기가 오래된 성당을 감싸고 있다. 고풍스러운 분위기에 반하여 새벽 미사를 보러 가다가 걸음을 멈췄다. 수도원은 순결하고 성스런 기운으로 가득하다.

종소리가 울리자 흰 수도복을 입은 수도자들이 새 성당으로 행렬을 지어 입장한다. 낮은 조명이 켜지자 수도자 70여 명이 특유의 선율로 일제히 성무일도 기도를 시작한다. 침묵을 깨고 나오는 음악 같은 남성男聲 이 너무도 장엄하고 청아해서 나도 모르게 기도 속으로 빠져든다.

한국의 성베네딕도회는 1909년 서울 백동 지금의 혜화동 에 처음 수도원을 설립한 이래 100년의 전통을 이어오는 우리나라에서 가장 큰 남자 수도 공동체이다. 북한의 원산 부근 덕원과 만주의 수도원 시대를 거쳐 한국전쟁 와중에 왜관에 터전을 잡았다. 수도자들은 기도와 노동을 중시한 성베네딕도회의 수도 규칙에 따라 지금도 기도와 노동을 반복한다. 철저한 공동체를 지향하기에 작은 것 하나도 개인 소유를 인정하지 않는다. 수도원 경내에는 농장과 출판사, 목공소, 금속공예방 등 많은 작업장이 있다. 수도자들은 일하고 기도하며 평생 청빈과 정결, 순명의 삶을 살아간다. 경내에 있는 옛 왜관성당 앞에 붉은 배롱나무 꽃이 한창 피어나고 있다. 마치 전쟁의 참화와 대화재를 겪으며 왜관에 뿌리를 내린 이 수도회의 정신을 배롱나무 한 그루가 그대로 보여주는 듯하다.

성베네딕도회 왜관수도원성당은 1928년 프랑스 출신 투르네 신부가 설계하고 직접 공사 감독도 맡아 지었다. 원래는 왜관성당이었지만 한국전쟁으로 피난 공동체가 된 성베네딕도회수도원성당으로 사용하다가 지금은 강당으로 사용하고 있다. 경내 평지에 세워진 성당은 소박하지만 신성함이 배어있는 작은 성 같다. 첨탑의 수직감에서 하느님에게 더 가까이 가려는 수도자의 염원을 읽는다. 옛 왜관성당은 가실성당과 형제처럼 닮았다. 뾰족한 종탑과 올라가며 점점 좁아지는 곡선형 계단도 똑같다.

문간 수사님이 건네준 열쇠로 굳게 닫힌 성당의 문을 열었다. 창문 유리화를 통해 들어온 어둑한 빛이 손님을 맞는다. 불을 켜자 오래된 성당의 장엄함이 되살아난다. 실내는 두 줄 사각 열주로 분리된 삼랑식 구조이다. 삼랑식이지만 양쪽 측량을 좁게 내어 제대와 2층의 갤러리로 가는 통로로 사용하고 있다. 나무 계단을 오르면 아담한 갤러리가 나온다. 성당은 소박하면서도 숭고한 분위기를 자아낸다. 수도원 담장 너머로 평화로운 마을 풍경이 내려다보인다. 성당 종소리가 수도원과 왜관의 작은 마을을 조용히 감싼다.

주소 경북 칠곡군 왜관읍 관문로 61
전화 054-970-2000

구상문학관

구상1919~2004 시인은 일생을 기독교적인 존재관을 바탕으로 작품 활동을 하였다. 원산 덕원의 베네딕도신학교를 수료한 인연으로 전쟁 후 왜관에서 23년을 살았다. 2002년 시인 생전에 만든 문학관은 그의 생애와 작품 세계를 보여주는 많은 자료를 전시하고 있다. 그는 원산에서 월남한 화가 이중섭과 친하게 진했는데, 문학관에서는 이중섭이 그린 구상 가족 그림과 시집 표지도 감상할 수 있다. 문학관 2층 도서관에는 구상 시인이 기증한 27,000여권의 장서가 소장되어 있다. 시인의 숨결을 느낄 수 있도록 그가 생전에 작품 활동을 했던 아담한 한옥 관수재를 방문객들에게 개방하고 있다. 1층의 북 카페에서 잠시 쉬면서 문학 여행을 마무리해도 좋을 듯하다. 주소 경북 칠곡군 왜관읍 구상길 191 전화 054-973-0039

매원마을

매원마을은 안동 하회마을, 경주 양동마을과 더불어 영남 3대 양반촌 가운데 하나이다. 땅 모양이 매화꽃 형상이라서 이렇듯 아름다운 이름을 얻었다. 광주 이씨 집성촌으로, 번성기에는 고택 400여 채가 있었으나 한국전쟁 때 북한군의 지휘부가 설치된 탓에 유엔군 폭격으로 300여 채가 소실되었다. 다행히 아직도 감호당, 사송헌, 지경당, 해은고택 등 오래된 한옥이 제법 많이 남아있다. 아무집이나 들어가도 어르신들이 반갑게 맞아주어서 고택의 유래와 전통을 들을 수 있다. 마을 앞 작은 하천을 따라 들판과 연꽃 군락지가 펼쳐져 있다. 여름이면 푸른 벼 포기 사이에서 노는 백로와 아름답게 피어난 연꽃을 감상할 수 있다. 주소 경북 칠곡군 왜관읍 매원1길 29

가산산성과 관호산성 둘레길

가산산성은 왜관을 대표하는 호국 유적으로 해발 600미터에서 900미터 골짜기를 에워싸 삼중으로 축성된 산성이다. 임진왜란과 병자호란을 겪은 후 외침에 대비하기 위하여 조선 인조 17~18년에 축성하였다. 칠곡군이 몇 년 전 문루와 성곽 등을 보수하였다. 가산산성길은 성곽길을 따라 오르막 내리막을 걸으며 문루, 여장, 총안등 호국의 자취를 더듬어 볼 수 있다. 관호산성은 1500년 전 신라시대 쌓은 토성이다. 낙동강 물줄기를 따라 쉬엄쉬엄 걸으며 강변의 경치를 감상할 수 있는 길이다. 임진왜란 당시에는 왜군의 거점으로 사용되기도 하였다.

둘레길 시작 지점에 있는 호국의 다리낙동강 철교는 한국전쟁의 상처를 느끼게 한다. 자전거 길도 잘 조성되어 있어서 물길을 따라 자전거 트레킹을 즐길 수 있다.

맛집 RESTAURANT

고궁 순대국밥, 순대, 수육

50년 전통 순대 국밥집이다. 돼지 사골을 끓여 만드는 국물 맛이 일품이다. 엄선한 고기와 내장을 사용하여 돼지고기 특유의 냄새가 나지 않는다. 1960년대 왜관역 앞에서 허름한 식당으로 출발한 고궁순대는 국밥 맛이 인근에 알려져 현재 위치로 이전하였다. 아침부터 문전성시를 이룬다. 철판에 담겨 나와 따뜻하게 먹을 수 있는 순대는 당면소를 넣은 일반 순대와는 달리 여러 채소와 고기, 선지를 섞어서 만든다. 식감이 부드러우면서도 풍미가 좋다. 주소 경북 칠곡군 왜관읍 칠곡대로 1815 2 전화 054-974-0055~6 예산 1만원 내외

한국명가 칼국수, 청국장

아름다운 정원을 갖춘 식당이다. 왜관 읍내에서 매원마을을 가는 길목에 있다. 매원마을을 찾는 이들에게 추천하고 싶다. 칼국수가 주 메뉴이나 청국장이나 해물파전도 푸짐하고 맛이 좋다. 칼국수는 해물이나 들깨탕으로 만든 육수에 야들야들한 면발이 어우러져 깔끔한 맛을 낸다. 밑반찬으로 나물, 모둠조림, 호박전 등이 어머니 손맛 같은 포근함을 느끼게 해준다. 한국명가 뒷산은 100여 마리 백로가 집단 서식하는 곳인데 가끔씩 비상하는 하얀 백로를 구경할 수 있다. 주소 경북 칠곡군 왜관읍 매원새마길 67 전화 054-975-5009 예산 1만원 내외

도토리식당 바비큐

바비큐 전문 식당이다. 삼겹살 바비큐, 양념갈비 바비큐, 오리훈제 바비큐 등 다양한 바비큐를 즐길 수 있다. 돼지고기, 대하, 소시지, 오리고기 등을 다양하게 제공하는 모둠 바비큐도 이 집의 인기 메뉴이다. 넓은 정원에 어린이를 위한 놀이 도구와 물놀이 시설도 갖추고 있다. 겨울에는 눈썰매를 즐기며 식당에서 사온 고구마로 따끈따끈한 군고구마를 직접 구워 먹을 수 있다. 주소 경북 칠곡군 왜관읍 봉계로 348 전화 054-971-9016 예산 2만원 내외

또 다른 맛집 한일식육식당, 가마골, 오리와 삼겹살의 만남

울산 언양성당
장식을 줄여 오히려 더 아름답다

방주 위에 세운 석조 성당_등록문화재 103호
주소 울산시 울주군 언양읍 구교동1길 11
전화 052-262-5312
대중교통 KTX 울산역에서 323, 328, 807번 버스 승차 후 언양성당에서 하차(25분)
울산시외고속버스터미널에서 1713번 버스 승차 후 언양성당 앞에서 하차(80분)

혼자 네댓 시간을 운전한다는 건 부담스런 일이다. 비가 오는 날, 언양 가는 길이 그랬다. 서울에서 어림하여 400킬로미터, '천리'라는 거리가 주는 심리적 부담감이 묵직하였다. 게다가 간간이 억수같이 비가 내려 신경이 바짝바짝 일어서곤 하였다. 자동차로 가도 이렇게 힘든데, 230여 년 전, 그 남자는 어떠했을까?

한국 천주교의 첫 번째 희생자인 김범우토마스, 1751~1786는 조선 후기의 이름난 역관이었다. 그는 1785년 음력 3월, 이벽과 이승훈, 정약전·정약종·정약용 삼형제, 권일신 등과 명례방 자신의 집에서 집회를 열다가 형조추조에 발각이 되었다. 역사는 이 일을 을사추조적발사건乙巳秋曹摘發事件이라고 기록하고 있다. 김범우는 가혹한 고문을 당한 후 밀양으로 귀양을 가게 된다. 몸은 만신창이가 되었으나 역설적으로 김범우의 유배로 서울에서 가장 먼 지역이자 사상적으로 폐쇄적이던 영남지방에도 복음의 서광이 비치기 시작했다. 언양의 천주교 역사는 1790년경, 오한우베드로와 김교희프란치스코가 신앙을 받아들이면서 시작되었다. 오한우가 누구를 통해서 천주교를 알게 되었는지 알 수 없으나, 큰 소리로 기도문을 외우고 사람들에게 천주교를 전교하였던 김범우가 100리 거리에 머물렀으니 어떤 식으로든 두 사람이 교분을 나눴을 것으로 추측할 뿐이다.

땅을 배 모양으로 만들고
돛대를 상징하는 성당을 짓다

언양은 높은 산이 많아 박해를 피해 공동체를 이루기에 적합했다. 1801년 신유박해로 오한우가 순교하자 김교희는 가족을 이끌고 울주군 간월산 불당골로 피신하여 이 지역의 첫 신앙공동체를 꾸렸다. 그리고 얼마 후 탑곡과 상선필에도 공동체가 생겼다. 신앙촌을 바탕으로 공소가 생겨났는데, 첫 공소는 1815년 불당골에 세워진 간월공소이며 정확한 위치는 아직 모른다. 1840년 두 번째로 세워진 대재공소는 죽림굴인데, 간월산 정상 부근에 있는 자연 석굴이다. 경신박해1859 때는 최양업 신부가 이곳에서 3개월 은신하며 미사를 집전했다. 하지만 거듭된 박해로 간월과 대재공소가 해체되자 신자들은 영남알프스 자락에 있는 현재의 살티공소로 옮겨와 정착하게 된다. 언양은 서울, 내포, 강원도와 더불어 한국 천주교의 성지이다. 1888년에 이미 각 지역 대표를 중심으로 경남의 첫 본당을 설립하기 위해 '지방찬조기성회'를 조직하고 신부 유치 계획을 세웠다. 그러나 1890년 경상도 남쪽 지방 전교를 하기에 편리한 부산에 첫 본당이 들어섰다. 영남지방 신앙의 출발지인 언양 신자들에겐 실망감이 무척 컸을 것이다. 그로부터 30년이 더 흐른 뒤 언양이 본당으로 승격한 것은 두고두고 아쉬움이 남는 대목이다. 언양성당은 에밀 보드뱅1897~1976 초대 신부가 직접 설계를 하였다. 공사는 중국인 기술자들이 맡았다. 신자들도 많은 노력을 기울였다. 돈이 부족해 공사가 중단되는 우여곡절을 겪은 끝에 1936년 10월 성전과 사제관이 완성되었다. 언양성당은 배처럼 생긴 언덕 위에 서 있다. 성당 진입로로 들어서면 돛단배 앞면을 닮은 뾰족한 석축이 보인다. 금방이라도 닻을 올리고 동해로 나아갈듯하다. 뱃머리엔 나무 바닥을 깔아 갑판 모양을 살렸고 그 끝

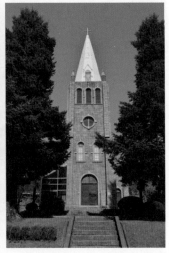

에 야외 제대를 배치했다. 하지만 안타깝게도 높은 아파트가 시야를 막고 있다. 언양 읍내가 시원하게 보였을 그 옛날로 돌아갔으면 좋겠다는 생각이 간절하다.

뱃머리 위치에서 시선을 반대로 돌리면, 멋진 전나무 두 그루가 수문장처럼 서서 석조 성당을 지키고 있다. 원래 라틴십자가 형태로 지으려고 했으나 여러 가지 사정으로 장방형 건물로 완성되었다. 성당 좌우 벽엔 아치 창문 8개를 내었고, 창문과 창문 사이 상단에 원형 채광창을 4개씩 설치했다. 종탑부는 돌출 구조이고 정면에 아치 출입구를 내었다. 좌우에도 작은 출입구를 두었다. 종탑 상부에는 8각 첨탑을 세우고, 첨탑 주위에 작은 첨탑 Pinnacle 네 개를 세웠다. 그리고 지붕엔 삼각형 통풍구를 2개씩 두었다.

외벽이 화강암임에도 언양성당의 첫 인상은 무겁기보다는 차분하고 단정하다. 기교를 부린 구석이 별로 보이지 않는다. 아치 창문 어디에도 그 흔한 스테인드글라스 장식이 보이지 않는다. 창문과 출입구에 키스톤 key stone, 석조 아치 맨 꼭대기에 넣는 돌 을 박고, 홍예석 크기를 달리해 장식미를 살린 것을 제외하면 특별히 멋을 부리지 않았다. 인공조미료를 사용하지 않은 자연 밥상처럼 간결하고 담백하다. 언양성당은 장식을 멀리하여 현대적인 건축미를 얻었다.

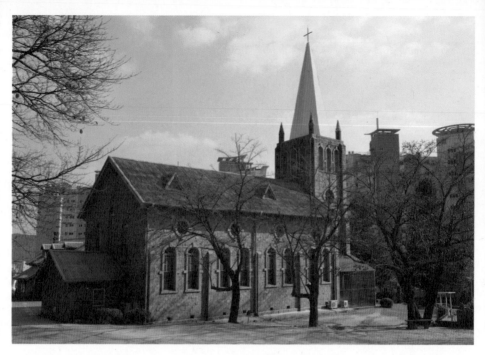

언양성당은 내외부가 간결하고 담백하다. 장식을 멀리하여 오히려 현대적인 건축미를 얻었다.

언양성당의 또 다른 매력은 본당 후벽과 후벽에 딸린 작은 제의방 외벽을 화강암이 아니라 붉은 벽돌로 마감한 점이다. 화강석과 벽돌을 동시에 사용한 이유는 정확히 알려지지 않았지만 돌과 벽돌이 주는 질감의 차이와 색채의 대비가 확연하여 건축물을 입체적으로 보이게 해준다. 감성이 다른 두 재료 덕에 성당의 표정이 한결 풍부해졌다.

성당을 빼닮은 사제관에서   종루와 보드뱅 신부의 흉상을 지나면 성당과 생김
초기 신자들의 숨결을 느끼다   새가 비슷한 옛 사제관이 나온다. 지금은 신앙유물
전시관이다. 옛 사제관은 본당의 축소판 같다. 외벽
재질과 지붕의 소재, 색깔까지 빼닮았다. 옛 사제관은 뒤에서 보면 1층이지만 정면에서 보면 2층이다. 초창기 교리서와 제의, 제구, 오래된 공소 사진이 있어 이 지역 교우들의 신앙적 숨결을 고스란히 느끼게 해준다. 2층에는 신자들이 일상에서 사용하던 생활용품들을 전시해 놓아서 잠시 추억 여행을 떠날 수 있다.

옛 사제관을 나와 산길을 오른다. 성모동굴까지 이어지는 이 길은 송림과 대나무 숲이 우거진 힐링과 사색의 길이다. 10분쯤 오르면 복음 전래기에 활동했던 오한우의 증손자 오상선1840~1867의 묘가 나온다. 그는 병인박해 때 언양 감옥에서 순교하였다. 여기에서 200미터쯤 더 오르면 십자가의 길이 시작된다. 화강석으로 만든 14처 형상을 길 따라 배치해 놓았다. 14처 조각은 간결하면서도 은유적이다. 십자가의 길이 끝나고 조금씩 숨이 차오를 즈음 성모동굴이 나타난다. 보드뱅 신부가 1927년 성당을 지을 때 만들려고 했으나 실현하지 못하고 있다가 2001년에야 뒤늦게 빛을 보았다. 나리꽃을 비롯한 화초들이 성모동굴을 환하게 비추고 있다. 성모동굴 아래로는 언양 읍내가 파노라마처럼 펼쳐진다. 산길을 내려오다 십자고상 뒷모습이 보이는 곳에서 걸음을 멈췄다. 성당과 소나무, 옛 사제관이 아름다운 풍경화처럼 펼쳐져 있다. 멋진 그림 속으로 들어가 한참을 서성거렸다.

주변 여행지 TOURISTIC SITE

간절곶

우리나라에서 해가 가장 일찍 뜨는 곳이다. 영일만 호미곶보다 1분, 강릉 정동진보다 5분 일찍 해가 뜬다. 전망대 모양을 한 간절곶 등대를 비롯하여 새천년기념비와 신라의 충신인 박제상의 부인과 딸을 추념하기 위한 모녀상과 조각품이 전시되어 있다. 특히 바다를 바라보는 언덕에 거대한 소망 우체통이 서 있는데 이곳에서 소망을 담은 엽서를 보낼 수 있어 여행객에게 인기가 높다. 또한 인근에는 드라마와 영화가 촬영된 드라마 하우스가 바다와 어우러져 멋진 풍경을 연출한다. 방파제로 나가면 붉은 색 등대가 있는데 연인들이 프러포즈를 할 수 있도록 시설을 꾸며놓아 나이를 불문하고 멋진 추억을 선물해 준다. 주소 울산시 울주군 서생면 간절곶1길 39-2 전화 052-229-7642~4

장생포 고래박물관

국내에 하나밖에 없는 고래박물관이다. 1986년 포경이 금지된 이래 사라져가는 포경 유물을 수집, 보존, 전시하고 고래 이야기를 전해주기 위해 2005년 개관하였다. 어린이체험관, 포경역사관, 귀신고래관, 고래해체장복원관 등이 있다. 야외에는 예전에 실제로 고래잡이 배 포경선로 활용하던 제6진양호가 전시되어 있어 직접 승선 체험을 할 수 있다. 매표소 건물에는 고래 기념품 판매소가 있으며, 박물관 옆에는 고래생태체험관과 4D 영상관이 있다. 주소 울산시 남구 장생포 고래로 244 전화 052-256-6301

반구대 암각화와 천전리 각석

울주군 언양읍 대곡천 중류의 암벽에 새겨진 선사시대 암각화이다. 반구대암각화는 너비 8미터, 높이 3미터에 이르는 반반한 바위에 고래·호랑이·사슴·멧돼지·곰·토끼·물고기, 고래잡이 모습, 배와 어부, 사냥하는 모습 등 200여 개 형상을 새겨놓았다. 현재는 가까이 가서 볼 수 없고, 망원경으로 그림을 볼 수 있다. 국보 285호이다. 천전리 각석은 우리나라에서 최초로 발견된 암각화로 동심원을 비롯한 기하학적인 문양이 새겨져 있고 하부에는 동물 그림과 글씨가 가는 선 모양으로 그려져 있다. 암각화 바로 앞까지 갈 수 있어 문양을 선명하게 볼 수 있다. 국보 147호이다. 반구대 암각화 울산시 울주군 언양읍 반구대안길 254, 052-229-4797 천전리 각석 울산시 울주군 두동면 서하천전로 257, 052-229-7637

또 다른 여행지 신불산억새밭, 신불산자연휴양림, 간월산자연휴양림, 언양읍성, 통도사

맛집 RESTAURANT

함양집 육회비빔밥, 묵채, 곰탕

4대째 이어온 90년 전통의 비빔밥 전문점이다. 비빔밥과 국이 유기그릇에 담겨 나온다. 이곳 비빔밥은 하얀 밥 위에 삶은 미나리와 시금치, 고사리, 콩나물, 김과 계란을 얹고, 그 위에 다시 쫄깃한 육회와 전복을 올려 내온다. 간장이나 고추장을 별도로 주지 않으나 이미 간이 배어 있어 그냥 비벼 먹으면 된다. 쫄깃하면서 부드러운 육회의 식감이 입안 가득 느껴지며, 소고기무국도 비빔밥과 잘 어울린다. 묵채와 곰탕, 불고기 메뉴도 있다. 주소 울산시 남구 중앙로208길 12 전화 052-275-6947 예산 1~2만원

고래명가

울산 장생포특구 거리에 있는 고래고기 전문점이다. 이 집 외에도 고래고기 전문점이 꽤 많다. 고래고기는 고단백질, 저칼로리 식품으로 철분을 소고기의 2.4배, 돼지고기의 5.5배를 함유하고 있으며 꼬리, 머리, 가슴 등 부위별로 12가지 맛이 난다. 대표적인 요리는 수육인데 내장을 푹 삶아낸 것으로 담백하고 쫄깃한 맛을 낸다. 우네는 목살과 가슴살을 얼려놓았다가 얇게 썰어 내놓는 것을 말하며, 오베기는 꼬리 지느러미 부분을 소금에 절였다가 뜨거운 물에 데친 것을 말한다. 여행 가면 한 번 도전해 볼만한 별미 음식이다.

주소 울산시 남구 장생포고래로 207 전화 052-269-2361 예산 4~5만원

언양진미불고기 떡갈비식 불고기, 육회

우리나라 3대 불고기의 하나로 꼽힌다. 언양불고기는 한우 암소만을 사용한다. 고기 맛이 연하고 쫄깃하다. 30년 전통의 진미식당은 좋은 재료와 수준 높은 음식 맛에 깔끔한 실내와 친절한 서비스가 더해져 이미 언론에도 여러 번 소개된 식당이다. 떡갈비식 불고기가 인기가 있는데 잘 다진 한우에 기본 양념을 버무려 숙성시켜서 식감이 부드럽고 육질과 양념의 조화가 입안 가득히 느껴진다. 밑반찬도 정갈하고 신선하다. 주소 울산시 울주군 삼남면 중평로 33 전화 052-262-4422 예산 2만원 내외

또 다른 맛집 언양공원불고기, 기와집불고기, 금화불고기, 언양옛날곰탕

진주 문산성당

한옥 성당과 서양 성당의 아름다운 공존

긴 울림을 주는 담백한 건축_등록문화재 35호
주소 경남 진주시 문산읍 소문길67길 9-4
전화 055-761-5453
대중교통 진주고속터미널 앞에서 280번 버스 승차 후 문산성당 정류장에서 하차(40분)

남쪽으로 길을 잡았다. 덕유산과 지리산을 비껴 달려 진주에 도착했다. 아담한 소도시 풍경이 가슴을 설레게 한다. 진주는 남녘 땅 막바지에 둥지를 튼 작은 도시지만 선사시대까지 거슬러 올라갈 만큼 오랜 세월을 품은 곳이다. 그만큼 제 품에 다양한 시대의 기억을 안고 있다. 사람들은 대부분 진주하면 논개와 진주성 싸움을 기억할 것이다. 마침 문산성당으로 가는 길에 논개의 자취가 어린 진주성이 있으니 그곳부터 들러야겠다. 성과 절벽 아래로 햇살을 받은 남강이 금빛 물결을 이루며 흘러간다. 한없이 평화로워 보이는 진주성과 남강이 임진왜란의 처절한 싸움터였다는 사실이 믿어지지 않는다.

흔히 논개의 신분을 관기로 알고 있으나 사실은 진주성 전투에 참여한 영암군수 최경회의 두 번째 부인이었다. 1593년 6월 2차 진주성 전투에서 관군 3천여 명이 왜군 10만 명과 치열한 전투를 벌였다. 그러나 중과부적이었다. 관군은 성 안에 있던 6만여 민간인과 함께 왜군에 몰살당했다. 성이 함락되던 날 최경회는 남강에 투신하여 자결하였다. 의기양양한 왜군은 촉석루에서 승전 축하연을 벌였다. 조선에서도 손꼽히는 누각에서 벌이는 축하연을 논개는 더 이상을 지켜볼 수 없었다. 그들은 산하를 짓밟고 지아비마저 잃게 하지 않았던가? 논개는 모두를 위한 복수를 꿈꿨다. 관기로 위장한 그녀는 자축연을 벌이는 왜장을 물가로 유인하여 그를 끌어안고 남강에 투신하였다. 진주 사람들은 가을이면 관군과 백성을 위로하기 위해 아름다운 등을 만들어 남강에 띄운다. 전란을 겪으며 비롯된 유등의 전통은 오늘날까지 이어지고 있다.

옛 이야기를 들려주는 오래된 한옥 성당

해거름이 다 되어 문산성당에 도착했다. 좁은 골목길을 들어서자 벌써부터 가슴이 설레기 시작했다. 지난 봄 문산성당을 방문했을 때 경내로 들어서며 나와 일행은 탄성을 질렀었다. 새하얀 터널을 이룬 벚나무 사이에서 석양에 물든 성당이 아름답게 빛나고 있었다. 소도시의 그저 오래된 성당이려니 생각했던 우리는 생각지도 못한 풍경 앞에서 넋을 놓고 말았다. 단아한 한옥 성당과 청회색 서양 성당이 서로를 존중하며 제각기 다른 매력을 뽐내고 있었다. 잿빛 기와와 하얀 수막새가 대비를 이룬 팔작 한옥 성당은 마치 조선의 선비같이 단아했다. 하늘빛 성당은 멋을 절제할 줄 아는 세련된 여인 같았다. 문산성당은 1883년 부산 초량성당의 소촌공소에 소속되었다가 1905년 진주에서 처음으로 본당으로 승격되었다. 한옥 성당은 1923년에, 서양식 성당은 1937년에 건축되었다. 새 성당을 지은 뒤 지금은 강당과 식당을 겸해 사용하고 있다. 두 성당은 천주교의 토착화 과정과 성당 건축 양식이 변화하는 과정을 동시에 보여주는 귀중한 문화유산이다.

한옥 성당 앞은 잔디 정원이다. 정원 가장자리엔 빙 둘러 십자가의 길이 조성되어 있다. 나는 제7처에서 잠시 걸음을 멈추었다. 내용은 '예수께서 두 번째 넘어지심을 묵상합시다'인데 상본 아래 잘 다듬어진 회화나무 한 그루가 땅에 누워있었다. 마치 기력이 다해 넘어진 예수를 의미하는 것 같은 절묘한 구상이었다. 군데군데 서있는 종려나무가 하얀 성상

문산성당의 옛 한옥 성당. 잿빛 기와와 하얀 수막새가 대비를 이룬 모습이 마치 조선의 선비같이 단아하다.

들과 조화를 이루며 여행자를 고요함 속으로 이끈다. 가만히 둘러보면 정원의 돌들이 친근하고 꾸밈이 없다. 돌확과 맷돌. 아, 오랜 시간 우리네 삶과 함께 해온 석물이 아니던가? 진주시 문산읍 일원은 병인박해 이전부터 교우촌을 형성하고 영남 최초 순교자를 배출했을 정도로 깊은 신앙의 역사를 지니고 있다. 문산성당은 아이러니하게도 박해시대에 가톨릭 신자를 색출해 잡아들이던 조선의 찰방 관아 터였다. 문산은 진주의 동쪽 관문 역할을 하던 역참이 있던 곳으로, 많은 수의 아전과 그들의 가족이 삶의 터전을 이루었던 전통적인 중인 마을이었다. 아전은 관리라고는 하지만 하급 관리에 불과했고 이들의 삶은 늘 예측하기 힘든 어려운 나날의 연속이었다. 이러한 문산의 태생적 배경이 서양 종교를 받아들이는 좋은 터전이 되었을 것이다. 박해 시절을 견디며 신앙을 지켜온 문산성당은 그 오랜 역사에 걸맞게 많은 성직자를 배출했다. 2005년 발간된 <문산성당 100년사>엔 문산성당이 신앙의 뿌리를 내려가는 과정이 자세히 기술되어 있어서 초기 가톨릭의 전교 과정을 흥미롭게 살펴볼 수 있다. 충절의 고장에서 나고 자란 교인들이 신앙을 지키기 위해 겪었던 고초는 또 다른 충절이 되어 이곳에 새겨져 있다.

절제해서 더 아름다운 청회색 서양식 성당

한옥 성당을 지나 사제관 앞 느티나무 아래에서 새 성당을 올려다본다. 성당 외벽에 꽃잎처럼 새겨진 십자가 문양이 이채롭다. 종탑에 걸린 종 두 개는 일제강점기와 한국전쟁 때 공출을 피해 두 번이나 성모 동굴 뒤 언덕에 숨겨진 사연이 있다고 한다. 성당 건축 때 프랑스에서 만들어 들여온 종인데 먼 이국까지 와서 고초를 겪은 것이다. 신자들의 헌신적인 노력으로 몸을 보존하여 다행히 지금도 성당을 지키고 있다. 성당 내부로 들어가면 아담하면서도 위엄이 느껴지는 본당 분위기를 느낄 수 있다. 장식적인 요소를 배제한 장방형 성당은 깔끔하고 단순하다. 제대의 장식도, 서양빛에 빛나는 스테인드글라스도 담백하고 간결하다. 절제의 미를 잘 구현하여 저절로 마음까지 정갈해지는 느낌을 준다.

본당 뒤편에 함께 기도해주기를 바라는 메모들이 많이 붙어 있다. 나도 투병중인 H를 위해 메모를 남기고 장궤하여 허리를 꼿꼿이 세우고 꿇어앉아서 오랫동안 기도를 올렸다. 모든 것을 함께 할 수는 없어도 누군가를 위해 기도한다는 것은 얼마나 아름다운 미덕인가? 여행지 성당에서 무릎을 꿇고 몸을 낮추니 나의 기도가 더 절절해진다. 아름답고 고요한 문산성당에서 새삼 나를 돌아보고 잊고 지낸 벗과 이웃을 생각한다. 사랑하는 이들을 떠올리고, 그들의 영혼을 위해 잠시 손을 모으는 것만으로도 나는 큰 기쁨을 얻었다. 훗날 나의 장궤는 성찰과 사유의 여행으로 아름답게 기억될 것이다.

성모 동굴에 참례를 하고 나오는데 사제관 너머 월아산 봉오리 사이로 보름달이 하얗게 떠오른다. 한옥 성당에서 교우 한 분이 나오며 "시간이 늦었는데 어디서 묵느냐?"며 길손의 잠자리 걱정해준다. 신앙 공동체의 따스함이 느껴져 돌아오는 발걸음이 더 없이 가벼웠다.

사천녹차단지와 다솔사

진주시와 경계를 이루는 사천시 곤명면에 녹차 단지 10만여 평이 조성되어 있다. 제주나 보성의 차밭이 산지에 있는 반면 이곳은 평지라서 이랑을 따라 차향을 맡으며 여유롭게 산책을 즐길 수 있다. 자전거 투어도 특별한 재미를 준다. 녹차문화관에서 녹차 체험도 하고 다양한 차를 구매할 수 있다.

녹차단지에서 멀지 않은 곳에 천오백년 고찰 다솔사가 있다. 꺼져가는 우리나라의 차 문화를 다시 일으킨 사찰로 유명하다. 만해 한용운이 머물렀던 절이며 김동리가 <등신불>을 집필한 곳이다. 누워 있는 불상이 있는 법당 뒤에는 적멸보궁사리탑이 있는데 많은 사람들이 녹차로 손을 씻은 후 탑돌이를 한다.

사천녹차단지 경남 사천시 곤명면 금성들길 55, 055-853-5058

다솔사 경남 사천시 곤명면 다솔사길 417, 055-853-0283

진주성과 진주국립박물관

진주성은 백제 때 처음 쌓았고, 고려 때는 왜구를 지키는 전략 요충지였다. 1592년 10월 김시민 장군이 이끄는 3,800명의 군사와 성민이 왜군 2만 여명을 물리친 진주대첩의 현장이다. 이듬해 6월에는 왜군 10만여 명이 다시 침략해 오자 6만 여 민·관·군이 맞서 전투를 벌였으나 모두 전사하는 비운을 겪었다. 1972년부터 복원 공사를 시작하여 2002년에 모습을 갖추게 되었다. 성내에는 촉석루, 김시민 장군 동상과 임진대첩 계사순의단, 논개 사당, 의암 등 의로

운 이야기를 품은 유적과 기념물이 많다. 남강 수직 벼랑에 장엄하게 서있는 촉석루는 광한루, 영남루와 더불어 우리나라 3대 누각으로 꼽힌다. 성내를 아름다운 공원으로 꾸며놓아 언제나 많은 사람들이 찾는다. 성곽을 따라 여유롭게 산책을 즐기다 보면 성 안쪽에 있는 국립진주박물관에 이른다. 선사시대 이후 조선시대에 이르는 진주 지역 유물과 무기와 지도 같은 임진왜란 관련 유물을 전시하고 있다. 매년 10월에 열리는 유등축제 때는 아름다운 등이 진주성과 남강 곳곳을 밝혀 장관을 이룬다. 주소 경남 진주시 남강로 626 전화 055-749-5171

진양호

진주시와 사천시에 걸쳐 있는 거대한 인공 호수이다. 1970년 경호
강과 덕천강이 만나는 곳에 댐을 쌓아 만들었다. 주변의 방풍림과
5개의 섬이 어울려 아름다운 풍광을 연출해준다. 호수 주위에 동물
원, 전망대, 습지원, 호텔 등이 있다. 전망대에서 병풍처럼 둘러 서
있는 지리산 능선과 호수에 떠 있는 아름다운 섬을 눈에 넣을 수 있
다. 저녁나절 펼쳐지는 진양호 일몰을 놓치지 말고 감상하자. 자동

차 여행자라면 그림 같은 진양호 풍경을 바라보며 멋진 드라이브도 즐겨보자. 주소 경남 진주시 남강로1번길 133

맛집 RESTAURANT

진주헛제사밥 헛제사밥, 한정식

쌀이 귀하던 시절 유생들이 늦은 밤 헛헛한 배를 채우기 위해 음식에
향과 축문을 읽는 헛제사를 지내고 먹은 것에서 유래한다. 한상 차림
으로 나오는데 실제 제사 음식과 동일하다. 깔끔하고 담백한 절임류
반찬도 입맛을 돋운다. 갖은 나물에 탕국을 조금 넣어 비벼먹는데 입
맛에 맞지 않는 사람은 고추장을 넣고 비벼도 좋다. 제삿밥이 꺼림칙
한 사람은 일반 한정식을 주문하면 된다.

주소 경남 진주시 월아산로 1296-6 전화 055-761-7334 예산 1~2만원

하연옥 물냉면, 비빔냉면

1945년 해방과 더불어 진주냉면의 맛을 이어온 황덕이 할머니의 손맛이 전해지는 집이다. 대표 메뉴는 물냉
면과 비빔냉면이다. 물냉면은 담백한 해물 육수에 육전을 고명으로 얹어 고소한 맛을 더했다. 비빔냉면도 고
명은 비슷하나 진한 양념 육수가 곁들여진다. 쇠고기 우둔살을 얇게 저며 밀가루 없이 계란을 입혀 구운 육
전도 냉면과 곁들이면 궁합이 딱 맞는다. 주소 경남 진주시 진주대로 1317-20 전화 055-746-0525 예산 1~2만원

천황식당 육회비빔밥

100년 가까이 진주비빔밥 전통을 잇고 있는 식당이다. 세월의 흔적이 묻어나는 건물과 안채의 장독대, 연탄
광, 오래된 조리 기구들이 이 집의 연륜을 말해준다. 전주비빔밥처럼 화려하지는 않지만 육회가 내는 담백하
고 깊은 맛을 느낄 수 있다. 선지와 소 내장을 듬뿍 넣은 구수한 선지국을 곁들여 내온다. 연탄불에 구운 석쇠
불고기도 인기 메뉴다. 주소 경남 진주시 촉석로 207번길 3 전화 055-741-2646 예산 1~2만원

또 다른 맛집 제일식당, 설야, 송화한정식, 한정식아리랑, 유정장어, 문산제일염소불고기, 수복빵집, 육거리
곰탕, 진주콩나물해장국

김대건 신부 표착 기념성당

제주 바다를 품었다

한국 최초의 성직자 제주에 내리다

주소 제주시 한경면 용수1길 108

전화 064-772-1252

대중교통 제주공항에서 102번 버스 승차 후 한경면사무소 정류장에서 하차. 한경면사무소 정류장에서
771-1, 772-1번 버스 승차 후 주구동산 정류장에서 하차. 서쪽으로 도보 7분 이동

조선 후기, 1845년 가을 어느 날이었다. 차귀도 앞바다에서 목선 하나가 거센 풍랑에 표류하고 있었다. 목선은 목선이나 생김새가 낯설었다. 난생처음 보는 배였다. 풍랑은 거칠었다. 작은 배는 곧 침몰할 듯 위태로웠다. 겨우 파도 하나를 넘으면 다시 큰 파도가 집어삼킬 듯 배를 덮쳤다. 표류하는 사이 어둠이 내렸다. 여름을 넘기며 해가 짧아진 탓에 금세 사방이 깜깜해졌다.

젊은 청년이 배 안에서 성호를 긋고 연신 기도를 하고 있었다. 바다에서 보낸 시간이 한 달이 다 돼가고 있었다. 파도는 쉽게 잦아들지 않았다. 그래도 어둠이 내리기 전 육지를 보았으니 그것만으로도 천만다행이었다. 얼마나 시간이 흘렀을까? 다행히 바람은 육지를 향해 불고 있었다. 어촌의 불빛이 보였다. 한두 집에서 겨우 새어 나오는 흐릿한 빛이었으나 청년에겐 북극성보다 더 밝게 보였다. 1845년 9월 28일 깊은 밤, 목선이 마침내 제주 서쪽 용수리 해안가에 표착했다. 청년은 다시 성호를 그었다.

한 달 전, 청년은 상해에서 목선에 몸을 실었다. 목선의 이름은 '라파엘', 청년의 이름은

김대건이었다. 그는 한국인 최초로 천주교 신부가 되어 조선으로 귀국하는 길이었다. 그의 목적지는 제물포였으나 풍랑 때문에 엉뚱하게 제주도에 닻을 내렸다. '라파엘 호'에는 김대건 신부와 제3대 조선 교구장 페레올 주교 그리고 파리외방전교회 소속의 다블뤼 신부 등 11명이 타고 있었다.

김대건 신부의 첫 번째 미사가 제주도 바닷가에서 열렸다

김대건 신부1822~1846가 1845년 8월 17일 중국 상해 김가항金家巷 성당에서 한국인 최초로 성직자가 되었다. 비록 풍랑 탓이었지만 제주도는 우리나라에서 처음으로 한국 사제가 발을 디딘 곳이다. 첫 미사를 본 곳도 제주도이다. 김대건 신부가 제주도에 첫발을 내린 지 160년이 흐른 뒤 표착지인 한경면 용수리에 성당이 생겼다. 김대건 신부 표착 기념성당이다. 성당은 김대건 신부가 사제 서품을 받은 중국 상해의 김가항 성당 정면을 본떠 만들었다. 지붕은 파도와 라파엘 호를 형상화했다. 성당 옆에는 김대건 신부 제주 표착기념관도 있다. 28일간의 표류와 표착, 그리고 한국 최초 신부의 첫 번째 미사와 성체성사가 이루어진 곳을 기념하는 곳이다. 김대건 신부의 당시 표착 모습과 첫 번째 미사 봉헌 장면 등을 관람할 수 있다. 기념관 동쪽에는 김대건 신부 일행이 타고 온 라파엘 호를 고증을 거쳐 복원해 놓았다.

한국인 첫 신부가 최초로 밟은 땅, 한국인 신부가 최초로 미사를 집전한 곳. 한경면 용수리는 한국 천주교 역사에서 무척 중요한 자리를 차지하고 있다. 당신이 지금, 제주도를 여행 중이라면 한두 시간 시간을 내어 용수리로 발길을 돌려보자. 천주교 신자가 아니어도 좋다. 차귀도가 보이는 아름다운 해안가에서, 잠시, 신과 종교에 대해 생각해본다면 당신의 여행이 한층 깊어질 것이다. 일요일 미사 시간 : 하절기 저녁 8시, 동절기 저녁 7시 30분

김대건 표착 기념 성당과 라파엘 호를 재현해 놓은 목선. 제주시 한경면 용수리에 있다.

신창 풍차해안도로

제주에는 돌도 많지만, 바람을 이용해 에너지를 얻는 풍차도 많다. 이 중에서도 단연 돋보이는 곳이 한경면 신창리에 있는 풍력발전소이다. 신창 해안을 따라 거대한 풍차들이 바다 위로 우뚝 서 있다. 이국적인 풍경이 멀리서도 여행자의 시선을 사로잡는다.

이 풍차 해안이 더욱 특별한 건, 바다를 가로질러 조성된 산책길과 아름다운 일몰 때문이다. 바람을 맞으며 바다 위 산책로를 거닐면 이런 낭만이 없다. 해질 무렵 이곳을 찾는다면 가장 가까이서 저무는 해를 감상할 수 있다. 바다와 하늘을 온통 붉게 물들이는, 광념 소나타 같은 노을과 석양을 바라보고 있노라면, 그 황홀함에 한동안 넋을 잃게 된다. 신창풍차해안도로(공식 이름은 한경해안로)를 따라 차를 몰아보라. 당신은 연신 환호성을 지를 것이다. 주소 한경면 신창리 1322-1

월령 선인장마을

제주는 깊이 들여다볼수록 더 신비롭고, 더 아름답다. 월령마을. 마을 이름부터 뭔가 신비롭지 않은가? 이 마을엔 손바닥처럼 생긴 선인장이 마을 곳곳에 군락을 이루고 있다. 요즘이야 어디서든 선인장을 볼 수 있지만, 이곳은 그럼에도 특별한 곳이다. 우리나라에서 유일하게 자생하는 선인장이기 때문이다. 월령리 선인장은 천연기념물로 지정된 우리의 귀중한 생물 종이다.

적도나 열대지방에서 자라는 선인장이 왜 제주도에 자생하는 것일까? 그 스토리 또한 재밌고 신기하다. 열대의 선인장 씨앗이 해류를 타고 여행하다 월령마을에 집단 정착했다. 파도 따라 무려 2000km를 여행하다 한림 바닷가에 보금자리를 차린 것이다. 선인장의 끈질긴 생명력이 만든 이 아름다운 우연과 필연, 생각할수록 놀랍고 신비롭지 않은가? 주소 한림읍 월령 3길 27-4

맛집과 카페 RESTAURANT & CAFE

명랑스낵

수요미식회에 나온 분식집이다. 명랑스낵의 대표 메뉴는 떡볶이와 튀김이다. 기본 떡볶이는 소스가 떡에 잘 스며들어 있고, 짜장떡볶이는 은근히 매콤하다. 당면을 추가해서 먹으면 중국 음식을 먹는 느낌이 든다. 튀김도 맛있다. 한치튀김과 왕새우튀김은 맥주를 부른다. 그러나 뭐니 뭐니 해도 시그니처 튀김은 흑돼지튀김이다. 흑돼지 사이로 치즈가 부드럽게 녹아 흐르고, 깻잎 향이 느끼함을 잡아준다. 옥상에도 자리가 있다. 날 좋은 날, 비양도를 바라보며 먹는 것도 즐거운 경험이 될 것이다.

주소 제주시 한림읍 한림로 585
전화 070-4121-1110
휴무 매주 화요일과 마지막 주 수요일

도나토스

커피 맛도 좋은 화덕 피자가게이다. 문을 열고 들어서면 고소한 향이 먼저 반긴다. 입구 바로 옆에 피자를 굽는 화덕이 있기 때문이다. 화덕에서 구운 이탈리아 스타일의 피자맛은 그야말로 일품이다. 다양한 크래프트 맥주가 있으며, 유럽스페셜티커피협회 멤버인 바리스타가 일리 에스프레소를 사용하여 뽑은 커피도 매우 맛이 좋다.

주소 제주시 한림읍 협재2길 6 전화 064-796-1980 휴무 화요일

브루마블

한경면 조수리 있는 카페이다. 인테리어가 독특하다. 옛 가옥에서 쓰던 문, 창문을 재활용하여 제주의 느낌을 주는 동시에 테이블과 현관 문틀을 금색으로 칠하여 고급스러우면서 모던한 분위기를 연출한다. 커피는 서울에서 직접 로스팅하는 지인에게 공수받고 있다. 카페 주인이 직접 만드는 양갱도 인기 메뉴이다. 추억의 양갱과 진한 커피 향이 당신을 행복하게 해줄 것이다.

주소 제주시 한경면 낙수로 1 전화 064-773-0080 휴무 수요일

지은이 약력

이광희
명동성당, 원주 용소막성당, 음성 감곡성당, 부안성당 집필 및 촬영

여행작가. 제주도 애월읍에서 태어나 제주에서 중고등학교를 다녔다. 대학에서 행정학을 공부한 후 건국대학교 행정대학원에서 부동산학을 전공했다. 대한주택공사에서 사장 비서실장, 인천지역본부장, 주택계획처장을 역임했다. 한국토지주택공사에서 제주지역본부장을 역임했다. 서울대학교 행정대학원 국가정책과정과 경영대학원 공기업 최고 경영자과정, 연세대학교 미래교육원 여행작가과정과 여행기출판과정을 수료했다. <골프 & 레저>에 여행기를 발표하면서 여행작가로 활동하고 있다.

이영명
약현성당, 횡성 풍수원성당, 안성 구포동성당, 대구 계산동성당 집필 및 촬영

여행작가. 대구에서 태어나 같은 도시에서 청소년기를 보냈다. 대학에서 사회복지학을 전공하였다. 일본 홈메이드협회 제빵학교 사범과 졸업 후 마이스터 코스(Meister Course)를 수료하였다. 공군본부와 방배노인복지관에서 근무했다. 연세대학교 미래교육원 여행작가과정과 여행기출판과정을 수료하였다. <골프 & 레저>에 여행기를 발표하면서 여행작가로 활동하고 있다. 공저로 <하루쯤 서울산책>이 있다.

홍천수
춘천 죽림동성당, 성공회온수리성당, 당진 합덕성당, 부여 금사리성당 집필 및 촬영

의학박사. 여행작가. 연세의대 명예교수인 그는 경북 영주에서 태어나 포항에서 초중고등학교를 다녔다. 연세의대 졸업 후 동 대학원에서 석사, 박사학위를 받았다. 연세의대 내과 교수, 알레르기내과 과장, 알레르기연구소 소장, 세브란스병원 내과부장, 세브란스병원 제1진료부원장을 역임하였다. 대한내과학회 총무이사와 회장, 대한천식알레르기학회 총무이사, 이사장, 회장을 역임하였다. 서울사진클럽 CEO 과정 2기와 상명대학교 평생교육원 포토폴리오 과정, 연세대학교 미래교육원 여행작가과정과 여행기출판과정을 수료하였다. 다수의 알레르기 분야 논문과 전문 서적을 번역 출판하였고, 알레르기학 교과서 Chapter를 저술하였다. 2014년에 <한국 꽃가루 알레르기 도감>을 출판하였으며, <하루쯤 서울산책>의 공동 저자이다.

손영옥
원효로성당과 홍천성당, 서산 동문동성당 집필

여행작가. 손영옥은 서울에서 태어나 줄곧 서울에서 자랐다. 숙명여자대학교 약학대학 졸업 후 한때 유한양행 연구실에서 근무했다. 숙명여자대학교 약학대학원에서 약제학을 전공했다. 약학대학원 박사 과정 중퇴 후 약국을 경영했다. 연세대학교 미래교육원에서 여행작가과정과 여행기출판과정을 수료했다.

김길지

성공회진천성당, 성공회수동성당 집필 및 촬영. 홍천성당, 원효로성당 촬영

여행작가. 서울 동선동에서 태어나 줄곧 서울에서 자랐다. 연세대학교 미래교육원 여행작가과정을 수료했다. 20년 동안 무역회사에서 수출입, 국제 통신, 외환 업무를 담당했다. 현재는 서촌에 살며 한불부인회 회원과 함께 하는 월례 정기 독서 토론 모임을 이끌고 있다.

김용순

성공회서울성당, 춘천 소양로성당, 성공회강화성당, 아산 공세리성당, 대전 거룩한말씀의수녀회성당 집필 및 촬영

간호학박사. 여행작가. 아주대학교 명예교수인 그는 대전에서 태어나 서울에서 중고등학교를 다녔다. 연세대학교 간호대학을 졸업한 후 동 대학원에서 간호학 석사와 박사 학위를 받았다. 연세대학교와 아주대학교의 간호대학 교수와 아주대학교병원 의료지원부장, 아주대학교 간호대학 초대 학장을 역임하였다. 대한간호협회 제1부회장, 한국간호대학(과)장협의회 회장, 한국가정간호학회 회장, 연세대학교 여자동창회장 등을 역임하였다. <간호관리학>, <전문 간호사의 역할과 정책>, <간호 윤리와 법> 등 10여 권의 저서와 간호 윤리를 비롯한 간호학 관련 논문 수십 편을 발표하였다. 연세대학교 미래교육원 여행작가과정과 여행기출판과정을 수료하였으며, 현재 (사)건강사회운동본부 부회장과 연세대학교 총동문회 수석부회장을 맡고 있다. <하루쯤 서울산책>의 공동 저자이다.

박명예

인천 답동성당, 진산성지성당, 전주 전동성당, 진주 문산성당, 왜관 가실성당 집필 및 촬영

여행작가. <골프 & 레저>에 여행기를 발표하면서 여행작가로 활동하고 있다. 서울 출생으로 건국대학교에서 정치학을, 연세대학교 교육대학원에서 HRD(인적자원개발)을 전공했다. 연세대학교 미래교육원 여행작가과정과 여행기출판과정을 수료했다. 그동안 연세대학교에 근무하며 대학생 리더십프로그램, 직원교육 프로그램, 평생교육 프로그램 개발했다.

이학균

예산성당과 공주 중동성당, 옥천성당, 익산 나바위성당, 언양성당 집필 및 촬영

여행작가. 경북 상주에서 태어났다. 중앙대학교 국문학과와 한국기술교육대학교 인력개발대학원을 졸업했다. 연세대학교 미래교육원 여행작가과정과 여행기 출판과정을 수료했다. 국내 대기업에서 홍보와 인적자원개발(HRD) 전문가로 근무했다. <하루쯤 서울산책>의 공동 저자이다.